Safety-Ⅰ ＆ Safety-Ⅱ
安全マネジメントの過去と未来

エリック・ホルナゲル 著

北村正晴／小松原明哲 監訳

狩川大輔／菅野太郎／高橋信／鳥居塚崇／中西美和／松井裕子 訳

KAIBUNDO

Safety-I and Safety-II
by ERIK HOLLNAGEL

Copyright © Erik Hollnagel, May 2014
This translation of Safety-I and Safety-II is published by arrangement with
Ashgate Publishing Limited through Japan UNI Agency, Inc., Tokyo

目次

日本語版に寄せて v
監訳者まえがき vii

第1章　論点 *1*
1.1　必要性 *1*
1.2　ダイナミックな無事象としての安全 *6*
1.3　測定問題 *11*
《第1章についてのコメント》 *21*

第2章　起源 *23*
2.1　歴史 *23*
2.2　安全の考え方の3つの時代 *26*
2.3　安全であるかどうかをどのようにして知ることができるか *35*
《第2章についてのコメント》 *37*

第3章　現状 *41*
3.1　安全の考え方 *41*
3.2　うまくいく理由 *44*
3.3　Safety-I：うまくいかないことを防ぐ *54*
3.4　Safety-I：受動的安全マネジメント *60*
《第3章についてのコメント》 *64*

第4章　Safety-Iの神話 *67*
4.1　因果律についての信条 *69*
4.2　問題のピラミッド *74*
4.3　90％の解決（ヒューマンエラー） *83*

4.4	根本原因 ―最終的な答え	*91*
4.5	その他の神話	*96*
《第4章についてのコメント》		*97*

第5章　Safety-I の脱構築 … *101*
5.1	安全の現象論，原因論，存在論	*101*
5.2	Safety-I の現象論	*104*
5.3	Safety-I の原因論	*105*
5.4	Safety-I の存在論	*107*
《第5章についてのコメント》		*117*

第6章　変化の必要性 … *119*
6.1	開発率	*121*
6.2	新しい境界	*126*
6.3	扱いやすいシステムと扱いにくいシステム	*132*
《第6章についてのコメント》		*136*

第7章　Safety-II を構築する … *139*
7.1	Safety-II の存在論	*140*
7.2	Safety-II の原因論	*142*
7.3	Safety-II の現象論	*149*
7.4	Safety-II：物事がうまくいくことを保証する	*151*
《第7章についてのコメント》		*157*

第8章　進むべき道 … *159*
8.1	Safety-II の観点の影響	*159*
8.2	うまくいっていることを探す	*163*
8.3	安全のコスト，安全から得られる利益	*179*
《第8章についてのコメント》		*183*

第9章　最終の考察 … *185*
9.1	分子と分母	*185*

9.2	悪魔は細部に宿る？	*186*
9.3	第2の物語 vs 他の物語	*189*
9.4	何と名前をつけるべきか？	*191*
9.5	Safety-III はあるのだろうか？	*192*
9.6	安全解析から安全合成へ	*193*

用語集 *197*
索引 *201*

日本語版に寄せて

　この本への導入として，ここにいくつかのメッセージを日本の読者のみなさまにお伝えできることは，著者としての特権であり大変光栄に思うところです。本書は，安全について，新しい考え方を紹介する導入書です。

　物事がうまくいかなくなること，すなわち，事故やインシデントを懸念するという意味において，安全は，今日，世界で繰り広げられているほとんどすべての活動において，重大な課題となっています。いったいどのくらいの頻度で，「我が社は，安全を最優先しています」「市民の安全は，何にもまして重要な懸念事項です」などと，我々は聞かされていることでしょうか？　日常生活の商品やサービスを作り出す人々からはじまり，それらを消費する（そして，依存する）人々，企業の CEO，さらには政治家に至るまで，すべての人において安全は重大な関心事項であり，できる限り物事におかしなことが起こらないようにしたい，それを確実にしたい，と心から願っているということは，間違いのないことだと思います。

　無論，この態度は合理的なものであり，いまからおよそ 80 年前，産業安全の初期の時代には，こうした考え方でいても何ら支障の生じるものではありませんでした。当時のテクノロジーと産業は比較的単純だったので，―少なくとも，今日と比較してみれば―「見つけて直す」アプローチは安全の基礎として意味をなしたものでした。しかし，少なくとも 1950 年代から，世界は劇的に変わってきました。一つの例として，1965 年に提出された，ムーアの法則について考えていただきたいと思います。これはコンピュータ技術と IT における驚くべき発展を記述するものです[*1]。今日の世界，我々が用いている技術，産

[*1] 訳注：ムーアの法則（Moore's law）とは，米国インテル社の創業者であるムーア氏が提出したもので，集積回路上のトランジスタ数は，18 か月で倍々と増えていくというもの。指数的に急進展する技術革新を表現している。

業や，我々の快適な生活の基礎を提供するサービスは，単純なものではなく，むしろ複雑なものです．こうなると，安全を受け入れがたい有害事象からの解放と考えることや，物事がうまくいかなくなったときに受動的に対応して安全を維持すること，原因を発見して対策を打つことでは，もはや十分とは言えない時代となっています．

21世紀においては，安全は物事ができるだけうまくいくような状態として理解されなければなりません．したがって，安全に対する努力の目的は，物事がうまくいかないのを防ぐということだけではなく，むしろ，物事がうまくいくことを確実にしていくことになってきます．これが安全への新しいアプローチであり，Safety-II といわれるものです．そして本書は，それへの導入なのです．この考え方を受け入れることによって，安全は保護的なものから生産的なものに変わり，さらに，安全はコストではなく投資へと，その位置づけも大きく変わってくるのです．

私は，この本を日本の読者へと翻訳された北村正晴教授と小松原明哲教授に対し，感謝の気持ちを表すものです．そして読者のみなさんが本書の内容に興味を持ち，そしてこれからの時代の安全マネジメントへのムーヴメントに加わってくださることを，心から期待しております．

エリック・ホルナゲル
2015 年 9 月 15 日

監訳者まえがき

「Safety-I and Safety-II」という，一目見ただけでは内容が推測しにくい原著を監訳した立場から，簡単に本書への導入を記しておく。

「安全とはどのように定義されるべきなのだろうか」という素朴な問いが，本書の出発点になっている。日常的には「安全とは危険がないこと」のように，望ましくないことの存在を否定する形で定義されることが多い。最近では「リスク」という概念を媒介にして，「安全とは受け入れられないような（高い）リスクがないこと」のような定義も用いられているが，否定形であることは同様である。この定義からは，危険やリスクにつながる要因を除去していけば，高いレベルの安全が実現できるという考え方が導かれることになる。

この考え方は直観的に自然であり，とくに疑問を持つ必要はないように思われる。実際に安全のレベルが低く事故が多発していた時代，また対象とするシステムが単純であった時代には，この考え方に沿った対策をとることで対象とするシステムの安全レベルは確実に向上した。しかし現代社会において，果たしてこの考え方は通用するだろうか？　事故はあるとはいえ，業務量と相対してみれば，その発生率は激減してきている。しかも一方では，対象とするシステムの複雑さは飛躍的に増大しているのである。現代社会の安全を考えるに際しては，これらの実態に目を向けてみることが必要である。

製造，鉄道，航空，医療，金融など，現代のあらゆる実務分野は，コンピュータや通信に依存した複雑なシステムを用いて，時に（あるいは常に）生じる再現性のない状況においては人々が臨機に対応を取ることで，業務が進行している。このようなシステムは社会技術システムと名付けられている。本書の著者であるエリック・ホルナゲル（Erik Hollnagel）教授は，社会技術システムで生じる事故やトラブルは，危険やリスクにつながる要因を取り除くという従来の方策だけでは避けきれないことに目を向けた。それを彼は「うまくいかなく

なる可能性を持つこと（Things that might go wrong）」を取り除くのではなく，「うまくいくこと（Things that go right）」の理由を調べ，それが起こる可能性を増大させることと要約する．そして前者の安全方策を Safety-I，後者の安全方策を Safety-II と定義し，現代社会での Safety-II の必要性を主張している．

Safety-II が必要な理由について，本書の第 3 章で著者は，航空分野での数字を挙げて説明している．2012 年には事故の数が 75 件で，フライト数（離着陸の回数）はおよそ 3,000,000,000 回であった．これから，事故が起こる割合は 40,000,000 回に 1 回（39,999,999 回は事故なし）ということになる．Safety-I の考え方では，この 1 回の事故について調査がなされ，原因究明とそれに基づく対策立案がなされる．しかし，では，事故を経験しなかった 39,999,999 回のフライトには学ぶべき教訓は含まれていないのであろうか．そうではあるまい．事故が起こらなかったということ（成功したこと）は，さまざまな人々（この例では，パイロット，キャビン要員，航空管制官，地上の支援スタッフなど）が，多種多様な措置や調整をタイムリーに実施したからであろう．そうであれば，その成功を継続するためには，成功から必要な教訓を導き展開することで，文字通りの安全レベルが向上するはずである．これも Safety-II が提唱された理由である．このように考えれば，Safety-II の視点はこれからの時代の社会技術システム（ということは，ほとんどあらゆる技術システム）の安全を考える際の重要な指針を与えていることが了解されよう．

Safety-II の概念は，現在急速に発展しつつあるレジリエンスエンジニアリングの方法論とも密接に関係している．Safety-II を実現するための具体的方策のひとつが，レジリエンスエンジニアリングなのである．ホルナゲル教授はレジリエンスエンジニアリングの分野でも世界をリードするパイオニアのひとりである（この方法論の具体的内容に関しては，監訳者らによる解説論文や翻訳書も刊行されている）．Safety-II に直結した方策として，彼は，現場で「うまくいっていること」の調査を通じて見いだす，というストレートな方法も提唱している（第 8 章）．

ホルナゲル教授は Safety-I を否定はしていない．Safety-I が必要なシステムは，現実には存在している．ただし，当たり前のことのように参照されているいくつかの考え方が，「神話」ではないかという指摘（第 4 章）は注目に値し

よう。因果律という考え方，ハインリッヒが提唱したとされる事故のピラミッド，ヒューマンエラーの扱い方，根本原因分析の陥りやすい罠などに関して示唆に富む考察が示されている。Safety-I が適切になされるための留意事項の指摘としても重要である。

　本書は学術的な性格も持つ著作であるが，通常は巻末におかれる参考文献リストは含んでいない。代わりに各章の最後に，《第〇章についてのコメント》として，その章の記述内容と関連の深い文献をいくつか挙げ，簡単な説明を補う，という方法が採用されている。関心を持たれた読者には，それらの関連文献にも目を向けていただければ，本書の理解は一層深まるはずである。ただし，彼は具体的なハウツーまでは言及していない。それぞれの分野に適合した Safety-II の方策の検討は，我々の解決すべき課題となる。

　ホルナゲル教授の著作は，いずれも時代の先を行く独創性と汎用性があり，日本語に訳されたものも多い。ただ彼の著作の読者はいずれも，彼の文章が，心理学や安全学についての専門知はもとより歴史，哲学，文学，芸術など，広い範囲の豊かな教養も踏まえたものであることに驚かされ，時には難しさに悩まされる。本書にもそのような箇所がいくつもあり，理解が妨げられることもある。そこで，読者の理解を助けるためにできる範囲で訳注を入れたことを付記する。

　以上，きわめて雑駁ではあるが，本書をスムーズに読み進んでいただくためのヒントをいくつか提示させていただいた。

　本書の訳出体制について簡単に述べておきたい。本書の翻訳作業は，ヒューマンファクターや人間工学分野の第一線の研究者である方々（狩川大輔，菅野太郎，高橋信，鳥居塚崇，中西美和，松井裕子の各氏―五十音順）に分担して行っていただいた。監訳者も一部の章を訳出している。それらの原稿を集約した上で，全体のトーンや用語の統一などは，監訳者が連携して作業を進めた。訳出に参加されたみなさまには深甚の謝意を表する次第である。ただし本書の記述内容に誤りや不適切な表記が含まれていた場合には，当然ながらその責任は監訳者にある。ご批評やご教示をいただければ幸いである。

最後に本書を翻訳する意義にご理解をいただき，多大なご支援をいただいた海文堂出版編集部の岩本登志雄氏に，心からの感謝を申し上げる次第である。

2015 年 10 月　　　　　　　　　　　　　　　　　　北村正晴，小松原明哲

第 1 章

論　点

1.1　必要性

　安全という単語は頻繁に，そしてまたさまざまな意味合いで使われる．頻繁に使われることから，誰もがその単語を知っているし，何を意味しているのかも知っている．つまりは，意味はただちにわかると思っている．自分は安全の意味がわかるため，他人も，当然，同じ理解であると思っている．事実，我々は安全について話しているときに，「あなたの言う安全はどんな意味なのですか？」と聞かれることはまずないし，あったとしてもごく稀なことであろう．我々は他の人間が安全という言葉を使うとき，自分と同じ使い方をしていると勝手に思っているが，実際にはその保証はない．安全が何を意味するかについて，互いに知っていて，互いに共通の認識を持っているという見方は広く広まっているため，文書，標準，指針などでも，さらには学位論文（！）でさえも，定義を明確にしようなどとは考えていない．

　安全という単語の語源をさかのぼって考えよう．その語源と歴史的な変化を調べると，語源はフランス語の古語である sauf であり，さらなる語源はラテン語の salvus であることがわかる．sauf の意味は「無傷の」または「被害を受けていない」であるが，salvus の意味は「無傷の」「健康な」「安全な」である．（さらにさかのぼれば，その語源は solidus というラテン語で「固体の」を意味するし，$ηολοσ$ というギリシャ語で「全体」を意味している．）安全についての新しい意味付け，すなわち「危険にさらされていないこと」という定義は 14 世紀の後半からのものであり，安全について「リスクから解放されてい

ること」という行動を特徴づける形容詞が初めて記録に残されたのは1580年代である。

単純で汎用性の高い定義としては「安全はインシデントや事故などの望ましくないアウトカムが存在しないこと」であり，これは安全であること（being safe）の条件を示している。より詳細な汎用的定義では，「安全とは，作業者や公衆，そして環境に対して有害となる事象の数が受け入れられる程度に小さくなるようなシステムの特性または性質」とでもいうことができよう。多くの人々はこの定義に賛成して，それ以上考えることはしないようである。

しかし改めて考えてみると，この定義ははっきりしないものであることは明らかである。その定義が「作業者たちに有害な」とか「受け入れられる程度に小さい」などの表現に依存しているからである。しかし我々一人一人はそれぞれ独自の解釈をしているにもかかわらず，これらの表現が意味あると考えるし，これらの表現を見ると何かを理解し，他の人も同じように理解していると感じてしまう。このため，この定義はあいまいなものであるにもかかわらず，解釈の違いが意識されることはほとんど起こらないのである。

安全なのか？

ジョン・シュレシンジャー監督の1976年の映画"マラソンマン"をご覧になった方なら，ローレンス・オリビエ演じる悪役ゼル博士が，ダスティン・ホフマン演じる主人公ベーブの歯に穴をあけて拷問する，恐ろしいシーンを忘れることはできないだろう。虫歯の空洞に針を刺したり，健康な歯にドリルで穴をあけたりしながら，ゼル博士は「安全なのか？」とベーブに迫り続けた。この問いかけはベーブにとっては無意味なのだが，ゼル博士にとってはニューヨークの銀行に預けたダイヤモンドを自分が取りにいくことが安全なのか，それとも誰か（この誰かとは正体不明な米国政府機関の秘密エージェントであるベーブの兄を指していた）に奪われるリスクがあるのかということを意味していた。

ゼル博士にとっての「安全」の意味は，彼が自分の計画を実行したときに何か悪いこと，とりわけダイヤモンドが盗まれるようなことが起こるかどうかと

いうことを意味している。この意味は，何か悪いことが起こるリスクがあるのかないのか，すなわち成功ではなく失敗が起こるのかどうかという，ごく普通のものである。しかし，この質問からは別な意味を抜き出すこともできる。つまり計画していた行動，ダイヤモンドを回収するための入り組んだやり方が，失敗することなく成就できるかどうかという意味にも受け取れる。この例からは，一方の存在は他方を除外するという形で，失敗と成功とは並記されるものであるとの雰囲気を読み取ることができる。しかし，失敗が起こらないこと（失敗の否定）と成功は同一ではない。また成功が起こらないこと（成功の否定）と失敗も同じではない[*1]。だからこそ成功，失敗のどちらに焦点を絞るのかで，その後の話には違いが生じてくるのである。

　それほどドラマチックではない状況で使われる表現として「安全な飛行機の旅を（have a safe flight）」「帰り道の運転も安全に（drive safely back）」「ここは安全ですよ（you will be safe here）」など，広く使われる表現がある。1番目の表現は，航空機による旅行が望ましくない，または予期されない出来事を伴うことなく済むこと，より具体的には，すべてがうまくいってあなたがフランクフルト（あるいは他のどこでもよい）に到着することへの希望を述べている。「飛行が安全であること」は，2013年2月12日の時点で米国において最後の死亡事故が起こってから4年経過したという事実によって実証される。この記録は半世紀以上前にプロペラ機がジェット機に置き換えられて以来の最長記録である。（この無事故記録は長くは続かなかった。同年7月6日，アシアナ航空214便がサンフランシスコ空港の滑走路の手前に着陸する形になり，旅客死亡者3名，負傷者多数という事故が起こっている。）

　2番目の表現「帰り道の運転も安全に」の意味は，帰路を運転して事故や困難に遭遇することなく（何の危険にも遭遇しないという意味ではないが）帰宅するようにという希望の表明である。3番目の表現「ここは安全ですよ」の意味は，あなたが私の家にいるならば悪いことは何も起こらないだろうということである。

　一般に「安全であること」の意味は，何かがなされたことのアウトカムが期

[*1] 訳注：論理的には相互に背反ではあるが，両者以外の事態が起こることもありうる。

待したとおりであるということである。言い換えれば，物事がうまくいくこと，我々が行う行動や活動が成功することを意味している。しかし不思議なことに，これが安全を評価したり測定したりするやり方ではない。我々は人々が成功したタスクや，物事が（うまく）働いた事例の数を数えたりはしていない。

多くの場合，我々は物事がうまくいったこと，航空機の旅が無事に終わったこと，車を運転して目的地に無事到着できたことなどについて，それらがどのくらい頻繁に起こっているのかについてはまったく考えていない。しかし我々は，遅れがあった，荷物がなくなった，他の車にぶつかりそうになった，小規模な衝突があったなど，何かがうまくいかなかったことについては，はっきりと知っている（少なくとも覚えている）。言い換えれば，我々は事故やインシデントに遭遇した回数はよく覚えているが，それらに遭遇しなかった回数については知らないのである！

同じような認識の差異は，意識して行うに際して，あるいは日常生活のなかで何かを行う際に気をつけるという意味で，安全のマネジメントにおいても見受けられる。意図の中心は何かがうまくいかなくなることを防止することであり，何かがうまくいくことではない。ポジティブな結果が大事なのだから（ネガティブな結果が起こらないことに注意するよりも），それに注意を集中させるということは，完璧に論理的ではないかもしれないが合理的に思えるはずにもかかわらず，安全についてのプロフェッショナルも日常生活者も，逆に考えていると思われる。なぜこのようなことが起こるかについては第3章で考えよう。

確かさの希求

安全を，有害な事象がないことと表現することが支配的な現状の背景には，人間は個人的にも集団的にも，有害事象から自由（free from harm）であることが現実的に必要だし，心理的にもそう感じられることが必要だからである。有害事象から自由であることが必要なのは，予想外の良くないことは，我々が仕事を計画したとおりに行うことや，意図した目的を達成することを妨げるからである。ハザードやリスクは日常生活，社会や組織の安定性，そして個人の仕

事の障害物である。有害事象から自由でいたいのは，生き延びるためである。

　しかし有害事象から自由であると感じたい理由はそれだけではない。何か悪いことが起こるかもしれないという先入意識は，仕事であれレジャーであれ，いま行いつつある活動に集中することを妨げるだけでなく，心理学的にも有害だからである。さまざまな疑念，不確実さ，懸念などが存在する。そしてそれらのうちのいくつかは払拭することはできないが，なぜうまくいかないのかという疑問は払拭できるし，または，それがその理由だと思ってしまう。説明できないことが起こる都度，とりわけそれが望ましくないアウトカムを伴う場合，我々は意図的にせよ意図せずにせよ，何かの「説明」を見つけようとする。その説明は「合理的」であることが望ましいが，必要なら「非合理的」でもよい。

　哲学者のフリードリヒ・ウィルヘルム・ニーチェ（1844–1900）はこのことについて次のように記している。

> なじみがないものをなじみのあるものに結びつけることは，まずは救いであり慰めや満足であるが，それと同時に力を持つ気持ちも生み出している。なじみのないという気持ちには，危険，不安，注意の必要性などが含まれていて，人間は本能的にそのような苦痛に満ちた状況を回避したくなる。第一原理は，どんな説明であっても，説明がないよりはましだということである。

　それゆえ，すでに起こってしまったか，起こるかもしれない悪いことに注意を払うことは，現実的にも心理学的にも意味がある。我々の計画や行動が失敗や破滅とは無縁であることを確実なものにしたいニーズと，それを可能にするための実際的方法を開発したいというニーズが存在する。しかしそれとともに，何が起こったかを知っていること，何が起こりうるかを知っていて，それについて何かできること，すなわちそれらを支配し対処できると信じられることなどについて確かさを感じたいという心理学的ニーズも有している。

　事実，ニーチェよりはるか昔に，ムスリム世界の最も優れた思索者として知られているイブン・ハズム（944–1064）は，人間行動の主要な動機は不安を避けることだと記している。この病的とも言える確かさの希求は，理解しやすく，受けて心地よい言葉（それは単純な方法を意味している）で表現された，

明快で単純な説明を選ぶ傾向を生み出している。このニーズが存在する結果として，人間の関心は，筆者が安全のネガティブな側面と呼ぶもの，すなわちうまくいかなかった物事に向けられるのである。

1.2　ダイナミックな無事象としての安全

　望まれていない事柄に注意を払うこと（それはまさに現実的な意味で安全マネジメントが行っていることなのであるが）についての別な説明の一つは，普通は起こらないことに興味を持って注意を向けること，または通常は関心を払わないことに注意を払うことである。カリフォルニア・マネジメント・レビュー誌のなかでカール・ワイク（Karl Weick）教授は「ダイナミックな無事象としての信頼性」という有名な概念を次のように導入している。

> 信頼性は，コンポーネントが適切な補償を行うことによって問題が時々刻々制御下に置かれるという意味でダイナミックである。信頼性は少なくとも2つの意味で目に見えない。第1に，人々は自分がどれほど多くの失敗をする可能性があったのに失敗しなかったのか，ということに気づいていない点である。このため人々は何が信頼性をつくり出すかについても，彼ら自身がどの程度の信頼性を持っているかについても，せいぜいのところ粗い理解しか持てないことを意味する。（中略）信頼性は別の意味でも目に見えない。すなわち信頼できるアウトカムは定常的であり，したがって，特段注意を払うべきものは何もないのである。

　この表現はしばしば，「安全はダイナミックな無事象である」と言い換えられる。本書では，厳密に言えばやや不正確な表現ではあるが，この言い換え表現を用いることとする。この表現は，安全は「受け入れられないリスクがないこと」という解釈と整合している。望まないことが起きないとき，悪いことが起こっていないとき，システムは安全とされるからである。

　受け入れられないリスクが「ないこと」はまさに無事象である。ただ，「そこにないこと」について語ることはやや逆説的でもある。「ダイナミック」という表現を用いた意味は，無事象というアウトカムを得ることを保証することはできないからである。言い換えれば，何も起こらないであろうことを確信す

ることはできない．システムのある状態を確立してしまえば，その後は注意を払わなくてもよい，というようなことはありえない．逆である．その状態はつねに監視され，マネジメントされなければならないのである．

安全がダイナミックな無事象であるという定義は賢明なものであるが，無事象なるものをどのようにして計数するか，いやそれ以前に，認知するか，検出するかなどの問題が生じる．（その回数を気にするのであれば）私は毎晩，自問自答することになろう．今日一日，何回の無事象に遭遇したろうか？　仕事で負傷せず，あるいは他者への害をなさなかった回数は何回だろう？　何か悪いことを言わず，せず，過ちを犯さなかった回数は何回だろう？　仕事場から帰宅するまでに，自転車や歩行者，または犬や猫と衝突しなかった回数は何回だろう？　などなど．しかし私はそんな自問はしていないし，他の誰もしていないであろう．

この問題は取るに足らないことではなく，現実的で重大である．たとえば交通安全について考えてみよう．毎年，交通安全に関する定量評価は，交通事故による直接死，あるいは負傷による結果死の数として表現されている．何年もの間，年間の死者数は前年度より減少を続けている（図 1.1 参照）．交通安全の目標は交通事故死ゼロであるのだから，この傾向は望ましい展開にある．

毎朝の新聞を読めば，過去 24 時間のうちに何人が事故死したか，またその年の累積死者数を知ることができる．（今日は 2013 年 8 月 3 日であるが，過去 24 時間の死者はゼロで，累積死者数は 94 人である．）しかし「何人の人が交通事故で死ななかったか」を知ることはできない．そのような数値や統計量を誰も知らないのは，我々がそのような事象は当たり前のことであると考え，逆の事象にのみ関心を寄せているからであろう．

しかし「どれほど多くの人が死なずにすんだのか」を知ることは，問題がどれほど深刻であるかを知るために必要なことなのである．人が地点 A から B まで安全に運転して移動できることを確かめたいという希望は存在する．すなわち「無事象」であることを確かめたいのである．しかし問題は，その目標が「悪い」事象または交通事故死の数を抑制すること（それが現在は我々がやっていることであり，数えている数値である）でうまく達成できるのか，それとも「良い」事象を促進すること（それも我々は行っているが，数値的には行っ

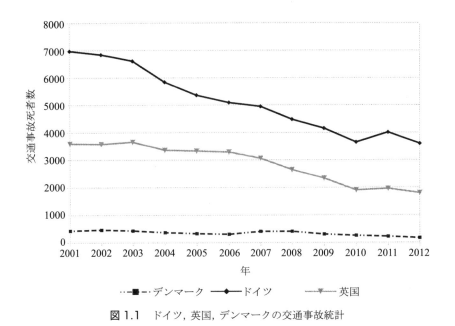

図 1.1　ドイツ，英国，デンマークの交通事故統計

ていない）で達成できるのかということである．これらの問題を明らかにするため，2つの事例について考えてみる．

危険信号の無視

最初の事例は 2010 年 2 月 15 日にベルギーの Buizingen で起こった列車事故である．250 人から 300 人の乗客を乗せた 2 つの列車が，雪が降っている日の朝のラッシュアワーの時間帯に衝突した．その衝突は，Halle 市駅の出口付近の切り替えポイントで生じており，正面衝突ではなく側面と側面の衝突であった．死者 18 人，負傷者は 162 人であり，線路も大きな損傷を受けた．調査の結果，一方の列車は赤信号にもかかわらず停止することなく通過（このような出来事はしばしば起こっているために，危険信号無視（Signal Passed At Danger：SPAD）という名称が与えられている）していて，それだけが原因ではないにせよ，これが最も大きな要因であることが見いだされている．

より詳細な調査の結果から，ベルギーでは 2012 年には 130 回の SPAD が生じていて，その 3 分の 1 は深刻なものであったことが明らかにされている。(2005 年には SPAD の数は 68 件であったが，その件数は年々増加している。) しかし一方で，列車が赤信号で停止した回数は 13,000,000 件であったことも知られている。つまり SPAD の生起確率は 10^{-5} であった。この値は，システムが超安全ではないにしても安全であることを意味している。

　さて，人間が含まれる活動では，10^{-5} という値は受容できないものではない。(この赤信号での停止回数値から計算される事故の確率は 7.7×10^{-8} であり，これは達成値としては良好なものである。) この事例では，活動がどのくらいの回数，成功しているかを見いだす（または推定する）ことができて，だからこそこの事象がどのくらい深刻なものであるかを知ることができる。たしかに結果は深刻で悲劇的なものであったが，そのアウトカムに着目してではなく，事象の生起に着目して深刻さを考えれば，そういうことができるのである。

　Buizingen の事故に関連して言えば，13,000,000 回列車が赤信号で停止したという事実は，それらの停止が同じ形でなされたことを意味するものではない。エレベーターは純粋に機械的なシステムなので，目的の階に到着すれば，いつも同じように停止する。(実際にはこの場合にも，積載負荷，破損，消耗，調整，保全，その他の条件によってある程度の変動はある。) しかし列車は人間・機械系である。停止はメカニズムによってというより，列車の機関士によってなされる。それゆえに，列車停止のあり方には変動性があり，停止がどのようになされ，時には失敗するのかを知るためには，この変動性について知ることが必要である。

　似たような例として，たとえば，赤信号に差し掛かったときの，自動車のブレーキのかけられ方を見てみよう（ただし運転者の視点からでなく，歩道から眺めているとする）。ブレーキのかけられ方は，積載量，運転者，天候，道路状況など，さまざまな条件に依存している。その行為はいろいろなやり方でなされうるし，実際になされていて，通常は，目的は達成されている。

左側通行から右側通行へ

　無事象の数がはっきり知られているユニークだが興味深い実例として，スウェーデンにおける「Dagen H」の事例が挙げられる．この日，すなわち 1967 年 9 月 3 日，スウェーデンは車両が左側を通行する方式から右側を通行する方式へと，切り替えを行った．この切り替えを行うため，緊急車両以外はすべて 01：00 から 06：00 の時間帯，道路から退去させられた．その禁止時間帯に道路上にいたすべての車両，すなわち消防車，救急車，警察車両，その他の公用車両などは，特別の規則に従うことを要求された．04：50 の時点ですべての車両は完全停止し，それから注意深く道の反対側に移動し，そこに 05：00 まで待機し，そして前進することを許可された．（主要な都市においては交差点の標識書き換えなどに十分な余裕を与えるため，運転停止時間はもっと長く設定された．）

　この折には通行車両数はゼロであるか，あったとしてもごく少数であり，確実に監視し計数できたので，この変更の間には，数えるべき無事象はなかったと確信を持って言うことができる．あるいは奇特な誰かが数えようとすれば無事象の数は計数できなくはなかったであろう．無事象がなく，また車両は運行を禁じられていたのだから，どんな事象（たとえば衝突など）も起こっていないはずである．（絶対値を問題にするのであれば，このような状態の期間は 04：50 から 05：00 までの 10 分間だけ続いたと言えるが，実際的にはこの期間は 01：00 から 06：00 までの 5 時間にわたり継続した．）

　仮に安全がダイナミックな無事象であることに人々が同意したとしても，安全マネジメントの実践では事象，すなわち事故，インシデントなどの数を数えることになる．それを行うことによって，どのくらいの数の事象があったかを知ることはできるが，無事象の数を知ることはできない．だが，安全をダイナミックな事象と定義することでテーブルをぐるっと回すことは容易にできる．この場合の事象は，ある活動が成功するか（我々が無事に帰宅したとか，飛行機が時間どおり着陸したなど）うまくいったことである．これらの事象が起こったときには，我々は明らかに安全である．この結果，無事象とは，これが起こらなかったとき（つまりうまくいかなかったとき）のことになる．我々は

無事象，つまり不成功や失敗の数を数えることはいつも行っているようにできる。しかし事象の数，すなわちうまくいった事象の数も努力するならば数えることは可能である。

1.3　測定問題

　我々が安全であることを —主観的または心理的にだけではなく，客観的または実践的に— 知るためには，産業や社会は安全の存在を何らかのやり方で実証することが必要である。実際問題として，これは，安全を定量評価する方法がなければならないことを意味する。

　厳密に言えば，間主観的な検証を通じて安全の存在を確認できなければならない。安全が外部的かつ公的な現象である限り，ある個人によって安全が経験され記述されるやり方は，別の個人によって経験され記述されるやり方に対応しているか適合していなければならない。言い換えれば，異なる個人の間では，彼らが安全を同じように理解していることを確認できるやり方で，安全について語ることができなければならない。

　とくに，ある個人が安全について（言葉によってでも別な手段によってでも）注意深く記述することが可能で，ほかの人々が彼らの現象の経験，すなわち彼らの安全の理解が，この記述と「合致していること」を確認もしくは検証できなければならない。人々が「安全」という言葉を認識して，その言葉が何を意味するかを主観的に経験するか否かというだけの問題ではないのである。

　間主観的な検証は，不同意（「私は，これが何を意味するかわからない」）がないことを超えて，ある語彙[*2] が単に認識されるだけでなく，2 人もしくはもっと多数の人々にとって同じ意味を持つことを証明するための，明示的なコミュニケーション行為がなされることまでを意味する。そして，物事がうまくいかないことを避ける現実的な必要性もある。そこで，なぜ物事は悪い結果になるのか，なぜシステムが故障するのか，なぜ人々が傷害を受けるのか，なぜ財産や金銭が失われるのかを理解することについて，現実的な必要性が存在す

[*2] 訳注：ここでは安全のこと。

るのである。

　最後に，我々がどの程度安全か，ある種の活動がどのくらい安全かを測定する現実的な必要性が存在する。この必要性が，なぜ我々が絶え間なく，そして時にはやみくもにデータを収集し，安全統計のなかからある種の保証を探していることの理由になる。「人間は一人で海に浮かぶ孤島ではない（ジョン・ダン）」*3 のであるから，我々は何かに関連した行動をどのように行うべきか（多くの場合はその行動をすべきか，すべきではないのか），それを判断するために，その何かが「本当に」どのくらい安全なのかを知ることが必要なのである。

　一般的な安全統計の有名な例に，ピッツバーグ大学の物理学名誉教授バーナード・コーエン（Bernard Cohen）氏により集約されたリストがある。その一部を表 1.1 に示す。このリストは同じリスク，すなわち死亡確率を 10^{-6} 増加させるリスクに対応するさまざまな活動を順序づけしたものである。（この 10^{-6} という数値は専門家にとっても，あまり意味があるものではない。）このリストは，自転車による 10 マイルの移動は，飛行機による 1,000 マイルの旅行または紙巻きたばこ 1.4 本の喫煙（一日あたりではなく総量である！）と同じ程度に危険であることを示している。

　リストに示されている項目は同じレベルの数値的もしくは客観的リスクを表すが，それらは同じ主観的リスクを与えているわけではない。もし同じなら，10 マイルの自転車走行に出かけようと希望する人は，炭火焼ステーキを 100 枚食べるとか，原子力発電所から 5 マイルの距離の場所に住むとか，ほかのいずれの活動についても同じ程度に希望するはずである。しかし，そうしようとする人は，ほとんどいないであろう。その理由の一つは，リスクを独立した問

---

*3 訳注：この文言は，ジョン・ダン（英国の宗教家・詩人，1572-1631）が，その作品 For Whom the Bell Tolls のなかで示した次の文章を受けている。ただし下記の文章は現代英語表記されている。

No man is an island, entire of itself;/ Every man is a piece of the continent,/ A part of the main./（中略）/ and therefore never send to know/ for whom the bell tolls;/ it tolls for thee.

人間は，一人で海に浮かぶ孤島ではない／全員がつながった大陸の一部だ／大きな主体の一部なのだ。／（中略）／だから問いたもうな／誰がために鐘は鳴ると／それはあなたのために鳴るのだから。

ヘミングウェイの小説，For Whom the Bell Tolls（誰がために鐘は鳴る）はこの古典を受けた形で題名がつけられている。

表 1.1　同じリスクを有するさまざまな活動の比較

石炭炭坑で 3 時間過ごす（事故に遭遇するリスク）。
自動車で 300 マイル旅行する（事故に遭遇するリスク）。
1.4 本のタバコを吸う。
炭火焼ステーキを 100 枚食べる。
ポリ塩化ビニル工場のそばに 20 年間住む（塩化ビニルに起因するガン）。
デンバーに 2 か月住む（高い平均放射線によるガン）。
自転車で 10 マイル旅行する（事故に遭遇するリスク）。
ジェット機で 1,000 マイル旅行する（事故に遭遇するリスク）。
喫煙者と 2 か月同居する。
サッカリンで甘みをつけたソーダ水を 30 缶飲む。
原子力発電所から 20 マイルの場所に 150 年間居住する。
原子力発電所から 5 マイルの場所に 50 年間居住する。

題として熟考することが難しいからである．もう一つの理由は，個人的な価値観，モラル，バイアス，人格的タイプなどに関係しよう．

調節器（regulator）のパラドックス

　しかし，うまくいかなかった事象を測定して安全を定量化しようとすると，パラドックス的な状況に陥ってしまう．何か（活動やシステム）が安全になればなるほど，測定される事象の数は少なくなるということがこのパラドックスである．その結果として，システムが完全に安全である —このことに意味があるか，可能であると仮定して— ならば，測定すべきことは何もないということになる．制御理論の分野では，この状況は調節器のパラドックスとして知られている．

　普通の言葉で表現すれば，基本的な調節器のパラドックスとは，稀にしか起こらないか，またはまったく起こらない物事については，調節器はどの程度うまく働くかを知ることができないということを意味する．我々はたとえば（文字どおりの，あるいは比喩的な意味において）正しい経路にいるのかもしれないが，しかし制限条件に危険な形で接近しているのかもしれない．しかし，どのくらい近接しているのかについての指標がなければ，行動を改善することは

不可能なのである。

基本的な調節器のパラドックスは次のように記述されてきた。

> 調節器の役目は変動を除去することである。しかし，この変動は調節器の働きの質に関する究極の情報源である。それゆえ，調節器が優れた働きをすればするほど，その改善に関する情報は得られなくなる。

事故の発生数をできるだけ減少させることは実際にはとても合理的なことに見えるが，調節器のパラドックスによればそのような目標は，安全が向上するに伴って安全のマネジメントをますます困難にすることから，生産的でないことになる。安全のマネジメントは，他のあらゆるマネジメントと同様に，調節（または制御）の問題なのである。（manage という言葉はラテン語の manus または手という言葉に由来し，強さとか，何かに対する力を持つということを意味する。）

調節の本質は，調節器が対象とするプロセスをある方向へと向ける舵取りや方向付け介入をすることである。（最も単純な例は，たとえば自動車のような乗り物を操縦する場合である。この場合，運転者は速度や方向を直接に制御する—ただし，しだいに直接制御する割合は減少しているが。）もし介入操作に対するレスポンスがなければ，つまりプロセスからのフィードバックがなければ，介入が望むような効果を有していたかどうか知ることはできない。（もう一つの大きな問題はフィードバックが緩慢か，遅延するような場合である。このことは安全マネジメントにおいて決定的に重要である。介入の効果がいつになったら顕在化するかは，通常，わからないからである。）

安全に関係したさらなる問題は，明確な指示値がないことを理由に，安全からほかの分野へと，ただでさえ乏しいリソースを再配分する言い訳がなされることである。言い換えれば，高いレベルの安全（すなわち，まずい結果となる事象の数が少ないことで定義される状態）は，しばしば安全に関する努力の削減を正当化するために利用される。

後者のような理由付けの事例として，2012 年の秋に公表されたデンマークエネルギー庁（Danish Energy Agency：DEA）の見解が挙げられる。DEA によれば，個人住宅に設置された 25,000 台のボイラー（デンマークにおけるボ

イラー全体の10％に相当）について，定期的な年間エネルギー義務測定の結果，10台だけがより詳細なオーバーホールを必要としたと報じられている。DEAはこの結果は驚くべき数字であり，EUの指令書に基づいてなされているこの測定を修正するかどうか，検討すると表明している。

DEAはこの10事例はデンマーク全体で100台のボイラーに相当するので，250,000台のボイラーのすべてを検査することは過大な目標であろうと否定的に考えていると表明したわけである。検査システムは「目標として行き過ぎて」いるのだから，そのコストは不要であると考えたのである。

よりはっきりした事例としては，2012年9月の英国連立政権による，健康および安全に関する査察を，ハイリスクな現場だけに限定して実施するという決定がある。この決定によって，リスクが低いか中程度である産業への自動的な査察は打ち切られ，年間11,000件の査察件数削減につながった。このことは規制行政上の業務負担軽減を意味し，かつ英国健康安全庁（Health and Safety Executive：HSE）予算の35％削減という計画に貢献した。低リスク業務についてはそのような査察は必要ないということが削減の論拠であった。

英国商工会議所もこの決定を歓迎し，政策・渉外担当部長のアダム・マーシャルは次のように述べた。

> 低リスク作業現場の査察を免除することを保証することは，それによって労働者の安全を低下させることなく雇用側の時間と資産を節約できる賢明な変更である。……我々は長い間，健康と安全についてのリスクベースのアプローチと，産業固有の規則ならびに低リスク作業実施現場での軽微な規制方式を支持する主張を続けてきた。

労働組合を含むいくつかの組織は，査察がもはや不要であるほどに安全が実際に高いということを信じなかった。労働組合評議会（Trades Union Congress：TUC）のブレンダン・バーバー書記長は次のように述べている。

> 健康と安全に関する規制は，ビジネスに対しての重荷とするものではない。労働者の基本的な保護のためのものである。規制や査察の切り捨ては作業場での安全劣化の結果として傷害や死亡の増加をもたらす……政府によっていわゆる「低リスク」作業現場であると認定された所のいくつか，たとえば機械工場などでは，実際に高いレベルの労働災害が起こっている。雇用者側が安全上のリ

スクを無視しやすくなったと思うようになれば，この状況は確実に悪化するだろう。

いずれの事例においても，情報源は削減される結論である。これは制御もしくは管理する可能性が低下することを意味する。査察の回数を減らそうとする根拠として，そのようなやり方がリスクベースのアプローチなのだと主張されることは，リスクが無知を意味する婉曲表現ではないのであれば，皮肉としかいいようのないことである。

産業安全のための欧州テクノロジープラットフォーム

産業安全のための欧州テクノロジープラットフォーム —いささか不幸な頭文字である略称ETPIS[*4]— は，安全の向上が事故の減少数で定義されている，もう一つの事例である。2004年から着手されたテクニカルプラットフォームの前提は，安全は（欧州においても，おそらくは他の場所でも）ビジネス成功のカギであり，かつビジネスパフォーマンスの本質的要素であるから，ビジネスパフォーマンスを向上させるためには安全の向上が必要であるという認識であった。

この実施のために欧州の産業においては，新しい安全パラダイムを導入することが提唱された。テクニカルプラットフォームによれば，安全のパフォーマンスの向上は，就業中事故報告，職業的疾病，環境関連インシデント，そして事故に起因する生産上の損失など —言い換えれば望ましくない事象数の減少によって明らかとなるとされた。

テクニカルプラットフォームの目的は，2020年までに欧州のすべての国の主要な産業セクターにおいて，体系化され自主的に機能する安全プログラムを導入し，「インシデントの除去」および「失敗から学ぶ」文化 —別名，事故なしの決意— につなげることである。2004年に定められた具体的な目標は，2020年までに事故の件数を25％減少させ，その後も毎年5％かそれより優れた事故件数の減少を実現することであった。

[*4] 訳注：PISはpiss（小便）と同音であることを冷やかしている。

テクニカルプラットフォームは，事故の数を減らすことを主目的とすることと，この目的を定量的に定めていることの双方で典型的なものである。言い換えれば，具体的かつ定量的な目標設定が典型的なのである。

もちろん事故の数を減らそうとすることは，何ら反対すべきことではない。しかし，選択されたアプローチが最も適切なものかどうかは，それが「インシデントを除去する文化」というような実態のはっきりしないものに依存しているように見えるという点を別にしても，討論の余地がある。

しかしながら前述したように[*5] 事故を減少させ，フィードバックを除去することを主目的とすることで，テクニカルプラットフォームは（もし成功したとしても）安全マネジメントのための手段を効果的に除去し，結果として目指す目標を達成することを困難にするであろう。この方向で仮に目標達成がなされるとしても，それは何年もかかるだろうことが，ささやかな慰めである。（他にもあるなかでのもう一つの事例は，次世代の欧州航空交通マネジメントシステムを構築するための単一欧州航空管制研究（Single European Sky ATM Research：SESAR プログラム）である。そこに示される 4 項目の目標の一つは，安全性を 10 倍向上させるというものである。実際上，この安全性向上は，事故とインシデントの報告数の減少で測定されることになろう。）

リスキーなのか安全なのか：数当てゲーム（ナンバーズゲーム）

安全マネジメントシステムが作動するために，何かのフィードバックが必要なことは明らかである。しかし，そのフィードバックが望ましくない結果を参照することや定量的なものである必要は，必ずしもない。便利な測定とは，異なった活動やパフォーマンスの比較が容易にできるものである。そして，ある同じ活動を時間軸に沿って見たときに，それが好転しているのか悪化しているのかを評価できることも，便利な測定ということである。（測定という行為は，効率性と完全性のトレードオフを表していると見ることもできる。ある活動の集合がどのように実行されているかを直接観察し，分析し，解釈すること──こ

[*5] 訳注：調節器のパラドックスの記述を指す。

れを完全にすれば効率的ではない—の代わりに，限られたいくつかの指標や兆候を識別し集計することができる—しかし，このやり方は効率的だが完全性には欠ける。）

　何か測定するものを探しているとき，離散的な事象の数を数えることは，とくにそれらが容易に目につくものである場合には，選択肢として魅力的である。さまざまなタイプの事象，すなわち事故，インシデント，ニアミスなどの事象が操作的に定義されている[*6]ならば，我々はその数を数えることができるということは明らかである。それゆえ，うまくいかなかった事象の数が安全を—いやむしろ安全の欠落を—表すと解釈されるのなら，安全は測定できる。しかしながら安全を「ダイナミックな無事象」と考えるならば，問題が起こってくる。

　その理由の一つは，無事象について的確に使えるはっきりした類型論（typology）や分類学（taxonomy）が存在しないことである。もう一つの理由は，生起しないなにものかを観測することはできず，まして数えることなどできないからである。

　数えるための事象のタイプを明確かつ操作的に定義するという要請は，対処するのが容易な問題だと思われるかもしれない。しかし実際にはそうではないことは以下の事例から理解されよう。

1. たとえば誘拐されるリスクを考えてみよう。リスクが高ければその状況は明らかに不安全であり，逆の場合は安全である。誘拐事件について国連の統計からの公式指標によれば，2010年においてオーストラリアで住民100,000人あたり17件の誘拐があり，カナダでは12.7件で，これに比べるとコロンビアではわずか0.6件，メキシコでは1.1件であった。大多数の人々にとって，この結果は驚きであろう。カナダで誘拐されるリスクはコロンビアにおけるより28倍も高いのであろうか？

    このドラマチックな違いの理由は誘拐事件の定義を通じて知ることができる。国によってこの定義は大きく異なっている。カナダやオースト

[*6] 訳注：事象生起の判定基準が明確に定義されているということ。

ラリアでは，子供の保護後見（child custody）に関する両親の紛争がこの件数に反映されている．両親の一方が子供を週末の間連れ去って，他方の親がそれに反対して警察を呼べば，この出来事は誘拐事件として記録されてしまう．メキシコやコロンビアと同様に「本当の」誘拐事件だけが考慮されれば，この両国はずっと安全なことになる．

2. 別の統計は，スウェーデンは欧州諸国のうちで最もレイプ率が高いことを示している．2010 年において，スウェーデン警察は住民 100,000 人あたり約 63 件という件数を記録した．この数は欧州諸国のなかで最も多く，世界でも 2 番目である．この数は米国や英国の 2 倍であり，隣接するノルウェーの 3 倍，インドの 30 倍である．このことからスウェーデンはこれらの国に比べて女性にとって危険な国であると結論づけられるであろうか？　そうはならない．これらの数値は比較することができないのである．警察の手続きと法的定義は国によって異なっており，事件の発生数は客観的な計数値ではなく地域の文化を反映している．

　スウェーデンで高い数値が得られている理由は，性的な暴力行為の数は個々の行為ごとに計数されているからである．女性が警察に行って夫または婚約者から過去 1 年の間にほとんど毎日のようにレイプされたと訴えた場合，これらの行動は別々に記録されるので，300 を超える事件が生じることになるが，他の国の多くではこの女性の訴えを単に 1 件として記録しているのである．

3. このような状況は鉄道事故に関してもあまり違わない．デンマークでは国立鉄道会社（DSB）が事故を，重大な傷害や装置，線路などの設備に著しい損傷（実務的には数百万デンマーククローネ相当の損傷）をもたらした事象として簡潔に定義している．米国では，列車事故およびインシデントは規制で定めに従って米国運輸省連邦鉄道局に報告されたすべての事象を含んでいる．この報告対象事象には，衝突，脱線の他に，線路上の装置（on-track equipment）の操作を含めた報告対象損害額（2003 年には 6,700 ドル）をもたらした事象，鉄道と高速道路の平面交差点でのインシデント（線路上の装置と高速道路利用者の接触を含む），その他の報告対象として定義されている人間の死亡や傷害につながったイン

シデントや接触，鉄道従業者の職業的疾病などが含まれる。

　日本ではJRが「大事故」を500,000円（30,000デンマーククローネ）以上の損害またはその日の始発新幹線に10分を超える遅れをもたらした事象として定義している。（列車の10分の遅れを事故[*7]と定義する国など他にはないであろう。）

　最後に，インドの中西部鉄道での事故マニュアルの例を紹介する。ここでは重大事故を「乗客を運んでいる列車において乗客の死亡や重篤な負傷，あるいは鉄道施設に2,500,000ルピーを超える高額の損害をもたらした事故」と定義している。ただし「自分の不注意から死亡したり傷害を受けた線路歩行者や，自分の不注意で死亡したり障害を受けた乗客」など，多くの興味深い適用除外事項が付記されている。鉄道の安全に関し，デンマーク，米国，日本，インドを事故の数だけに着目して比較することはきわめて困難と言えよう。

ではどうしたらよいのだろうか？

　人間は個人としても集団としても，安全であり，かつ安全と感じたいと希望している。序論としての本章では，この希望に対する解決策を見いだそうとするに際して，完全であろうとすることが重要であることを論じた。直観的で「自明な」解決策は，うまくいかないことに焦点を当て，それを除去し，その措置以前と以後の事故の発生数を比較することによって結果を確認することである。

　この措置は迅速に（ただし残念ながら一時的にのみ）不確実さの感覚を減少させるという意味で効率的かもしれないが，長期的には完全性を有する解決策ではない。もしそれが完全性のある解決策であるならば，同じような問題や，増加を続ける多様な問題に対して悪戦苦闘する必要はなかったであろう。（つ

　[*7] 訳注：この記載は誤り。ある鉄道会社の内規などのことかと思われる。日本の鉄道事故等報告規則（国土交通省令）では500万円以上の物損が生じた事故を鉄道物損事故と言っている。またJR西日本は新幹線に10分以上の遅れが生じたときにホームページなどで広報をしている。

まりは，本書を執筆する必要もなかったであろう。）正しい解決策は別に存在する。以下の章で，その解決策へ至る道筋を，順序を踏んで示そう。

《第 1 章についてのコメント》

フリードリヒ・ウィルヘルム・ニーチェの引用文は 1888 年に執筆され 1889 年に刊行された *The Twilight of the Idols*（邦訳：偶像の黄昏）からのものである。この著作には「4 つの大きな誤謬」についての記述も含まれており，その誤謬の一つに，結果と原因を混同することがある。哲学（および哲学者）を標的とした指摘だが，安全マネジメントとも無関係ではない。

「reliability as a dynamic non-event」（ダイナミックな無事象としての信頼性）というカール・ワイクの有名な定義は, Weick, K.E. (1987) の Organizational culture as a source of high reliability, *California Management Review*, 29(2), 112–27 からの引用である。本文中で述べたように，この表現はしばしば「safety is a dynamic non-event」という表現で引用されている。

バーナード・コーエン（1924–2012）は，低レベル放射線の効果に関する彼自身の研究との関連において，リスクの説明法に興味を持った。この活動の一部として彼は「Catalogue of Risk」を刊行したが，この文書は広い範囲で用いられ，改訂版が数回刊行されている。最後の改訂版は *The Journal of American Physicians and Surgeons*, 8(2), 50–53 に掲載されている。

ベルギーの Buizingen で起こった列車事故の詳細な説明は 2012 年に刊行された事故調査報告書（フランス語）*Organisme d'Enquête pour les Accidents et Incidents Ferroviaires* より得られる。この文書の URL は http://www.mobilit.belgium.be/fr/traficferroviaire/organisme_enquete/である。

調節器のパラドックスは多くの文献があり，たとえば Weinberg, G.M. and Weinberg, D. (1979), *On the Design of Stable Systems*, New York: Wiley が挙げられる。いくつかのウェブサイト，たとえば http://secretsofconsulting.blogspot.com/2010/10/fundamental-regulator-paradox.html にも掲載されている。

産業安全のための欧州テクノロジープラットフォームについての詳細な情報

は http://www.industrialsafety-tp.org/ から得ることができる。プログラムの実施期間の半分以上が経過したにもかかわらず，ウェブサイトで見る限り，本プロジェクトは 2004 年に設定された目標と戦略を維持し続けているようである。

「リスキーなのか安全なのか：数当てゲーム」というタイトルの項は効率性と完全性のトレードオフ（efficiency-thoroughness trade-off）のアイデアを参照している。このアイデアは Hollnagel, E. (2009), *The ETTO Principle: Efficiency-thoroughness Trade-off: Why Things That Go Right Sometimes Go Wrong*, Farnham: Ashgate に詳しく解説されている。ETTO の原理はパフォーマンス変動性の概念をもたらす。この概念は本書の中心的トピックスであり，このトレードオフについては後続の章で何度か参照することとなろう。

第 2 章
起 源

2.1 歴史

　安全についての考え方は，原因について考えるものと「メカニズム（mechanism）」について考えるものがあり，それぞれに発展を遂げてきたと言える。「原因（cause）」の考え方では，事故について，社会的に甘受された起源や理由，具体的には，故障しうる要素（element）や部品（part），構成要素（component）と，それらの故障形態に注目する。そのため，原因について考えることは，因果関係という概念，および失敗（failure）ということに密接にかかわる。これらについては後で詳細に考察する。「メカニズム」は，原因あるいは原因の組み合わせが，最初の問題や故障を起こし，その結末に至るまでの道筋を指す。「原因」は"なぜ"事故が起こるのかを説明し，「メカニズム」は"どのように"事故が起こるのかを説明する。2つはまったくの独立というわけではないが，原因についての考え方は，メカニズムについての考え方と軌を同じくして発展してきたものではない。ありうる事故原因は，我々が用いる技術の変化だけでなく，我々が利用するシステムの性質の変化 ─すなわち蒸気エンジンのような「純」技術的なシステムから始まり，操車場，石油掘削，株式取引所のような社会技術システムを経て，都市交通システムやエネルギー供給，金融市場のような社会技術的居住環境（socio-technical habitat）[*1] へという変化─ を反映しているからである。

[*1] 訳注：社会技術システムを基盤に置き，そのなかで営まれている我々の生活，という意味。詳しくは《第 2 章についてのコメント》（p.37）を参照のこと。

原因の性質の変化は，ある意味，挙動するシステムの組成，その成り立ち，そしてそれらさまざまな構成要素の信頼性の変遷を反映する。電気がなかった時代には回路の短絡は起こりえなかったし，無線通信がなかった時代には無線伝送エラーは起こらず，ソフトウエアがなかった時代にはソフトウエアのエラーは起こらなかった。ごく初期の頃から，システムには2つの構成要素があった。すなわち，人間と何らかの技術である。（完全な自動化を導入する努力にもかかわらず，もちろん，現在も両方とも存在する。）無論，最近まで，何かうまくいかなかったときの第一容疑者は技術であった。

　長い間 —何千年もの間— 技術は最重要なシステムの構成要素とみなされ，技術は故障する可能性があった。それゆえ，技術的構成要素は主原因としてなじみ深いものであった。しかし，19世紀から20世紀になって，2つのことが起こった。第1に，技術がどんどん信頼できるようになり，故障する可能性がそれにつれて低くなった。第2に，ほかの構成要素が重要になった。すなわち，まずはさまざまな形態のエネルギーである。そして後には，労働が手作業から機械化されたものへと変化したために，さまざまな形態の制御システムと自動調整（self-regulation）である。（一般に，これらはまだ技術とみなせたが，安全との関連では，しばしば問題となったのは技術というよりロジックであった。）時が経つにつれ，技術的構成要素の信頼性は着実に向上し，第1の関心事から第2の —あるいはもっと順位の低い— 関心事になるほどになった。このように，原因についての考え方は，最も信頼性の低い構成要素（群）が原因のなかで最も有力であるという点で，技術の現状を反映するものである。（それについて，我々がたまたまよく知らないタイプの構成要素であるがために，それが不十分な信頼性に対する理由となることもある。）

　原因のタイプについての考え方は，技術から人的要因へ，最近では，組織や文化へ移行し，展開を遂げてきた。これは，具体的なものから感知できない（intangible）あるいは形を持たない（incorporeal）ものへの展開とみなすこともできる。

　「メカニズム」すなわち，望ましくないアウトカムがどのように生じる可能性があるかについての好まれる説明は，科学と技術の発展によって，間接的に変化してきたにすぎない。見回すにどうも，受け入れられているそのときの考

え方 ―あえて大げさに言うならば，受け入れられているそのときのパラダイム― が行き詰まりを見せるようになると，変化が生じるように思える。このことは，そのときに受け入れられているアプローチでは，満足のいく説明ができないことが起こったことを意味する。（これはパラダイムシフトと呼ぶにはほど遠いかもしれないが，その言葉をつくった米国の物理学者トーマス・クーン（Thomas Kuhn）の使いように似てはいよう。）事故がどのように起こるかについての考え方においても，同じように，単一の独立した原因と，原因と結果の連鎖をつなぐ単一の線形系列（single linear progression）の考え方から，複数の系列がさまざまな形で結合している複合的な原因へと進み，さらには最も進展した段階を，ある程度までは表現する非線形的な説明へという発展性を見ることができる。この発展の各段階において，事故を理解し説明する新しい方法は，既存の方法に取って代わるというよりも，既存の方法を補うことを意図してきた。

リスク，ハザード，ニアミス，インシデント，事故のどれに分類されてきたのかは別として，古来，安全上の懸念の起点は，潜在的あるいは現実に生じた，何らかの有害なアウトカムの発生であった。歴史的に言えば，新しいタイプの事故は，根底にある因果関係の仮説を疑ったり変更したりするのではなく，新しいタイプの原因（たとえば，金属疲労，ヒューマンエラー，ソフトウエア障害，組織的失敗）を導入することによって説明されてきた。人間は単純な説明を好む傾向があるので，単一タイプの原因に頼る傾向もある。したがって，その発展のありようは，一つの支配的なタイプと他のタイプとを結合したり，それらを総合したりして考えるのではなく，前者が後者に置き換えられるものだった。単一タイプの原因にこだわることの利点は，原因間で起こりうる相互作用あるいは両者の依存性を記述したり考慮したりする必要を省くことである。この結果，我々は何世紀にもわたって，―単純な，あるいは複合的な―因果関係の観点から事故を説明することに慣れ，もはやそのことに気づかないほどになっている。そして，現実と調和させることがしだいに難しくなっているにもかかわらず，この伝統に固執しているのである。

考えられる原因だけでなく，それらがどのようにして効果を生み出すのか，すなわち物事が起こる過程や理由を説明するための「メカニズム」も変える必要があるとわかったのは，ごく最近のことである。不幸にも，このことは，

我々が通常の意味での因果関係という概念を放棄しなければならないことを意味する。もちろん，物事は，やはり理由があって生じるのだが，その理由はもはや，一つの構成要素の故障のような単純な出来事ではなく，複数の構成要素の故障の組み合わせですらない。その代わりに，その原因は，ほんの束の間の存在だったにもかかわらず，その存在がその後の何らかの行為や活動に影響を及ぼすのに十分であった条件や状況なのである。

2.2 安全の考え方の3つの時代

物事がうまくいかないことがあるという認識は，文明と同じくらい古くからあるものである。紀元前1760年頃につくられたハンムラビ法典（the Code of Hammurabi）に，おそらく最初の記述が見られる。そこには，船長は船底や竜骨を担保に借金できるが，船が安全に帰港して約束のときに利子つきで金が払われなければ債権者に船自体を没収されるという，リスクに対する保険（「船舶抵当貸借（bottomry）」）の概念も含まれている。

それにもかかわらず，18世紀の第二次産業革命の後まで，リスクと安全は仕事をする人々にとってだけでなく，モノを設計し，管理・運用し，所有する人々にとっても関心事にならなかった。（第一次産業革命は，約12,000年前に始まった，狩猟と採集から農耕と定住への生活スタイルの移行であった。）Andrew HaleとJan Hovdenの両名誉教授は，安全の発展を，「技術の時代」「人的要因の時代」「安全マネジメントの時代」と名付けた3つの時代に区別して記述している（図2.1）。

第一の時代：技術の時代

第一の時代では，技術（主に蒸気機関）そのものが武骨で信頼性が低かったという意味でも，人々がリスクに対して体系的に分析し防御する方法を学んでいなかったという意味でも，安全に対する主要な脅威は，使われていた技術に由来していた。主な関心事は，機械を保護し，爆発を防ぎ，構造物が崩壊しないようにするための技術的な方法を見いだすことであった。事故に対する関心

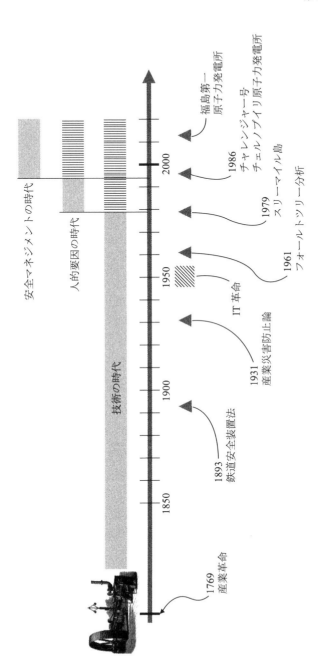

図 2.1 安全の 3 つの時代（Hale と Hovden (1998) 以降）

は，人類の文明そのものと同じくらい古いことは疑いようがないが，産業革命の始まり（一般に1796年とされる）が，新しいリスクと，リスクについての新しい理解を徐々にもたらしたことが広く了解されている。

　安全とリスクに関する共有された懸念の初期の例の一つは，1893年のアメリカ合衆国鉄道安全装置法（US Railway Safety Appliance Act）[*2] に見ることができる。ここでは，安全技術と政府の政策管理を結合する必要性について論じられていた。鉄道は，その職種の人よりもむしろ，「第三者」—つまり乗客— が，産業リスクにさらされる初めての事態の一つであった。（その悲劇的な実例としては，乗客 —リバプール選出の国会議員で，元海軍財務官，通商庁長官，閣僚でもある William Huskisson 氏— が，1830年9月15日のリバプール・マンチェスター間の鉄道の開通式で，列車に轢かれて死亡したことがある。このことによって，彼は世界で初めての鉄道の犠牲者になるという，誰からもうらやまれない名誉を得た。）鉄道は，事業活動や運営を計画し，職員を訓練し，材料や道具を調達し，設備を維持し，活動を水平・垂直に協調させ，専門化された機能と部署を設置し，日々の現場活動を監視し制御するなど，今日の組織環境を特徴づけるあらゆる側面を含む，組織化された活動のきわめて初期の例でもある。言い換えれば，社会技術システムである。

　安全への関心の最も有名な例は，おそらく，1931年に出版されたハインリッヒ（Heinrich）の非常に影響力のある本，*Industrial Accident Prevention*[*3] である。あらゆる産業において信頼性の高い設備を必要としているにもかかわらず，信頼性解析の必要性は，第二次世界大戦の終わりごろになってようやく認知されるようになった。その理由の一つに，第二次世界大戦中に利用された軍装備品の維持や修繕，現場故障の問題が深刻になり，それらについて何らかの対応の必要性に迫られたことがある。もう一つの理由は，新しい科学・技術の発展が，深さも広さも，より大規模で複雑な技術システムの構築を可能にし，そこには広範囲に及ぶ自動化も含まれていたことがある。これらの発展の中心的な要素は，デジタルコンピュータや制御理論，情報理論，トランジスタと集

[*2] 訳注：アメリカ合衆国で運行されるすべての列車に自動連結器と自動空気ブレーキの装備を義務付けた連邦法。1893年成立，1900年施行。（Wikipedia による）
[*3] 訳注：邦訳は総合安全工学研究所編訳『産業災害防止論』1982年，海文堂出版。

積回路の発明であった。これらの進展によって生産性向上の機会がもたらされたが，それは熱望されるべきものであり，実際「より速く，より良く，より安く」に取りつかれた社会によって急速に導入された —ただし，この表現が実際に使われたのは 1990 年代になってからである。しかし，結果として生じたシステムは，理解するのがしばしば難しいため，内部で何が起こっているか，それをマネジメントするにはどうしたらよいかを了解することは，人間の能力にとって困難であった。

　民生領域では，機器製造業者が電子技術や制御システムの進歩をうまく利用し，そのおかげで，情報や輸送の分野が，規模と性能の点で急成長を実現した最初となった（これらの発展は，第 6 章でより詳しく述べる）。軍事領域では，冷戦中のミサイル防衛システムの発達や宇宙計画の開始が，同じく，複雑な技術システムに依存したものであった。これらのことが，リスクと安全の問題に対処できる実績ある方法の必要性をもたらした。たとえば，フォールトツリー分析（Fault Tree Analysis）は，もともと，許可なしのミサイル発射の可能性についてミニットマン[*4] 発射制御システムを評価するために 1961 年に開発された。フォールトツリーは，組み合わさるとトップ事象と呼ばれる特定の望ましくない状態につながるかもしれない一連の事象の形式的記述である。フォールトツリーは，特定の望ましくない結果に対する予防措置を開発するために，それが生じる過程を分析する体系的方法を与えるものである。

　事故 —詳細が不明の— がどのように生じうるかを記述する，一般化された（generic）フォールトツリーは，「事故の解剖学（anatomy of accident）」として知られている（図 2.2 を参照のこと）。ここでは，事故は，システムが正常に機能しているのに，予期しない事象が生じたときに始まるとされている。予期しない事象とは，外部事象あるいは何らかの理由で突然明らかになる潜在的条件そのものが原因かもしれない。予期しない事象がすぐに打ち消され（neutralize）なければ，システムは正常から異常な状態へと移行する。異常な状態では，失敗を制御する試みが行われるだろう。この制御が失敗すれば，システムは制御不能な状態になり，それは何らかの望ましくない結果になること

[*4] 訳注：米空軍の大陸間弾道ミサイル。

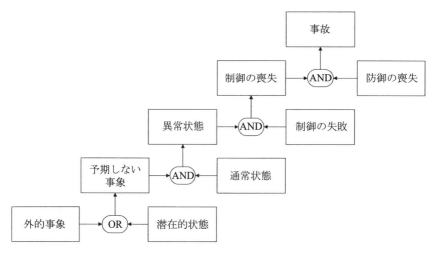

図 2.2　事故の解剖学

を意味する。通常は，このような可能性さえ，予見され，特定のバリアが準備されている。これらのバリアが失われたり機能しなかったときにだけ，不都合な結果，すなわち事故が生じる。

故障モード影響解析（Failure Mode and Effects Analyses：FMEA）やハザード操作性解析（Hazard and Operability Analysis：HAZOP）のような他の手法は，ありうる危険源（後では事故の原因）を分析するだけでなく，システムが稼働する前，あるいは大きな変化が考えられる前に，体系的にハザードとリスクを同定するために開発された。

1940年代の終わりから1950年代初頭にかけて，新しく独立した工学分野として信頼性工学が確立され，強力な確率論の技法が信頼性理論と結びついた。この結びつきは，確率論的リスク評価（Probabilistic risk assessment：PRA），あるいは確率論的安全性評価（Probabilistic safety assessment：PSA）として知られている。PRAは原子力発電の分野への適用に成功し，WASH-1400「原子炉安全性研究（Reactor Safety Study）」が決定的なベンチマーク事例となった。この研究では，フォールトツリー／イベントツリーアプローチによって，最新の大型軽水炉での深刻な事故で生じるかもしれない事象の経過が検討された。

WASH-1400 研究は PRA を最新の原子力発電所の安全性評価における標準的なアプローチとして確立し，この方法は同じような安全の問題を抱えた他産業へと徐々に広まり，実践されるようになった．しかし，PRA では人間や組織よりも技術に焦点を当てていた．

第二の時代：人的要因の時代

　リスク源を押さえることができたので産業システムの安全は効果的に管理できるという感覚は，1979 年 3 月 28 日に起きたスリーマイル島（TMI）原子力発電所の事故によって，かなり唐突に打ち砕かれた．この事故が起こる前は，HAZOP や FMEA，フォールトツリー，イベントツリーのような確立された手法を利用すれば，原子力設備の安全を確保するには十分だというのが，ほぼ一致した意見だった．TMI の原子力発電所も PRA を済ませており，アメリカ原子力規制委員会（US Nuclear Regulatory Commission）から安全であるとの承認を受けていた．この事故の後，このアプローチには何かが欠けていることが驚くほど明らかになった．すなわちヒューマンファクターである．ヒューマンファクターは，人間工学（human factors engineering）が 1940 年代中ごろに産業心理学の専門分野としてアメリカで産声を上げて以来，人間・機械系の設計と操作に際して考慮されてきた．（アメリカでは Human Factors and Ergonomics Society が 1957 年に設立された．ヨーロッパでは，すでに 1937 年に創刊された雑誌 *Le Travail humain* および 1946 年に設立された UK Ergonomics Research Society によって示されるように，ヒューマンファクターの歴史はもう少し古い．）[*5]

　第二次世界大戦中のアメリカ陸軍の経験，すなわち，いわゆる「パイロットの操縦ミス（pilot errors）」は，表示や制御のデザインに関心を払うことによって大幅に低減されることが明らかとなっているにもかかわらず，産業界はヒューマンファクターが安全にとって重要だとみなさなかった．その代わり，

[*5] 訳注：原文の human factor と human factors は，前者が人的要因，後者は学術としての human factor 研究領域を意味している．しかしこの訳文では日本語の通例に従って両者を厳格に使い分けてはいない．

人間工学は，システム設計の効率あるいは生産性の側面に主に焦点を当てた。科学・技術が飛躍的進歩を遂げ，技術の可能性が大いに高められた1940年代以降において，人間は技術に適合するにはあいまいで，ばらつきもあり，のろまであり，ゆえにシステムの生産性に対しては制約と見なされるようになる。

　一般的な解決方法は，設計，訓練，そして自動化だった。とくに自動化は技術的解決手段として頼りにされたのだが，結局は自滅することに終わっている。1960年代と1970年代の技術や工学の革新は，技術をより強力で信頼できるものにしたが，事故は数としても重大さとしても増え続け，TMIで起こった事故で頂点に至った。一般的な見方では，人間は失敗しやすく信頼できず，したがってシステムの安全性における弱い連結部（weak link）と見なされるようになった。「明らかな」解決方法は自動化によって人間の役割を少なくしたり，コンプライアンスを厳しく要求することを通じて人間のパフォーマンスのばらつきを制限することであった。

　そのころまでには，PRAは技術システムの安全性と信頼性を検討する方法の業界基準として確立されていたので，ヒューマンファクターへの対処が必要になったときにも自然な出発点とされた。PRAをヒューマンファクターの問題を含むように拡張することにより，多くの人間信頼性評価（Human Reliability Assessment：HRA）の手法が開発されることとなった。まず，既存の手法が，「ヒューマンエラー」を技術的故障や機能不全と同じようにみなすように拡張されたが，間もなくこれらの拡張の代わりに，より人間向けに特化された手法が開発されることになった。この開発の詳細は学術論文に広範囲にわたって記述されているが，その本質は，人間の信頼性がシステムの信頼性を補完するのに不可欠なものとして受け入れられた（あるいは信頼性工学についての技術的考え方が，技術的要因とヒューマンファクターの双方を対象とするように拡張された）ということである。HRAの利用は，すぐに原子力発電所の安全性の標準的な分析とされるようになったが，多大な努力にもかかわらず，十分に標準化された手法はおろか，異なる手法で得られた結果間の妥当な合意すら得られなかった。不都合な事象の発生の説明に「ヒューマンエラー」を利用できるという考えは，他産業にも熱心に導入され，モデルや手法の開発は急速に独自世界を築くに至った。

技術的リスク分析法の開発は，リアクティブな安全（事故調査）とプロアクティブな安全（リスク評価）の間の緩やかな知的分離にもつながった。後者にとっては，リスクが，確率や可能性，あるいは何かが起こりつつあることに関する問題であるということが当然と見なされた。それゆえ，将来の事象の確率，とりわけ特定の故障や機能喪失が生じる可能性が中心的課題となった。事故調査にとっては，確率は論点ではなかった。何かが起こった場合とは，何かが確かに起こったのだ。それゆえ，主な関心は原因をはっきりさせることで，因果関係に焦点が当てられた。原因は，可能性があるというだけでは不足で，決定的であるべきと考えられていた。したがって，もしかするとこれが原因だったかもしれないと言えただけでは，不十分だとみなされた。

第三の時代：安全マネジメントの時代

原因が技術的故障であるとする信念が200年以上，変わることなくまかり通ったのに対して，ヒューマンファクターにおける同様の信念は10年続くのがやっとであった。主な理由は2つある。まず第1に，規範論的アプローチ，たとえば，単に個人を技術に適合させること（古典的な人間工学と，人間と機械とのインタラクションデザイン）によって健康や安全を保証できるという考えに対する疑問が高まった。次に，PRA-HRA方式や無数の「ヒューマンエラー」手法を含む樹立されたアプローチに限界があることが，いくつかの事故によって嫌というほど明らかになった。確立された信念の補正は，第一の時代から第二の時代への移行に比べて劇的ではなかったが，1986年に起こったスペースシャトル「チャレンジャー号」の事故とチェルノブイリ原子力発電所4号機炉の爆発や，さかのぼって1977年の，テネリフェ北空港の滑走路上でのボーイング747機同士の衝突は，ヒューマンファクターに加えて組織についても考慮しなければならないことを明らかにした。

その結果の一つに，安全マネジメントシステムが開発と研究の焦点となり，さらには第三の時代が「安全マネジメントの時代」と呼ばれるようになったことがある。

しかしながら，リスクや安全についての考え方に関して確立された基盤，

すなわち信頼性工学や PRA を組織的問題も含むように拡張しようとする試みは，線形因果律パラダイム（linear causality paradigm）にヒューマンファクターを含めようとする試みに比べても一層困難であった。人間は，ある意味では機械として見なすことができた（その伝統は少なくともフランスの医師で哲学者の Julien Offray de La Mettrie（1709-1751）[*6] までさかのぼることができ，人間の心とコンピュータの間の通俗的なアナロジーによって生命を与えられた）。しかし組織についてはそうではなかった。最初は，行動形成因子（performance shaping factors）の場合と同様に，PSA のパラメータに組織要因についての依存性を考慮することによって，組織要因の影響が究明されることが期待された。しかし，しばらくのち，他の考え方が必要なことが明らかになった。高信頼性組織（High Reliability Organisation：HRO）の学派は，非線形の機能（non-linear functioning）を有していて緊密に結合した技術組織を運用するのに必要な組織的プロセスを理解することが必要であると主張した。他の研究者たちは，組織文化が組織の安全と学習の実現性に大きく影響し，安全に対する制約は，技術的要因やヒューマンファクターによるものと同じくらい政治的プロセスによってもたらされる可能性があると指摘した。

　いまのところ，リスク評価と安全マネジメントの実践は，まだ第二の時代から第三の時代への過渡期といえる。一方では，リスク評価と安全マネジメントでは，ある特定の組織要因，安全文化，「支援サイド（blunt end）」の要因などとしても組織を考えなければならず，さらに，事故が組織要因によるものであった場合には，介入は「価値中立（value neutral）」ではありえないので，これらの組織要因を変えるために提案されるいかなる介入もリスク評価の対象としなければならないことに，まだすべての人ではないが，多くの人が気づいている。しかし他方，工学的リスク評価によって実践されるような確立されたアプローチが，組織要因や組織的問題に直接適用できたり，何らかの形でそれらを含むように拡張できたりすると，いまでも広く思い込まれている。

　言い換えれば，ちょうど人的過誤が TMI 災害の後で注目されたように，組織「事故」と組織的失敗は，技術的故障に類似したものとして目下のところ見

[*6] 訳注：『人間機械論』（1747 年）の著者。補足説明については p.39 を参照。

られている。そして，既存のアプローチの比較的単純な拡張によって人的要因に対処できることを HRA が「証明した」ので，同じことが組織要因の場合にも当てはまると考えるのは妥当と見なされた。しかしながら，この楽観主義は，事実よりも希望に基づいており，結局，まったく受け入れられなかった。人的要因も組織要因も，技術的問題を解決するために開発された原理に従った方法を用いたのでは適切に対処できず，それらを「要因（factors）」として扱うのは粗雑で過度な単純化であることがますます明らかになってきている。それゆえ，一般に抱かれている仮定を見直すか放棄するかして，その代わりにリスクや安全が組織に関連して何を意味しているかを新たな目で見直す必要がある。

2.3　安全であるかどうかをどのようにして知ることができるか

　歴史的観点から言うと，人間はつねに，何かが安全かどうか，ある程度心配しなければならなかった。橋を歩いて渡っても大丈夫か，建物は安全か，崩れないか，旅行は安全か，活動（「何かすること」）は安全か，などがその例である。この心配の証拠は，さかのぼって前述のハンムラビ法典に見ることができるが，その問題は第二次産業革命後により重要になり，「第三次」革命後 ——コンピュータ技術の利用—— には不可欠になった。安全上の懸念は，当然ながら技術に焦点を絞って考えられたので，これらの懸念に対する答えも，技術内容について精査することによってもたらされた。長年にわたって，表 2.1 に示された質問に答えることによって安全の問題を記述する慣行が確立されたのである。（この種の一覧が実際に作成されたことはないが，一般的に用いられる方法や技法から容易に推測できる。）

　この一連の質問は，技術システムの安全性を評価するために開発されたものであり，したがって，技術システムにとっては意味のあるものだった。それゆえ，これらの質問に答えることができ，それにより，システムが安全とみなされるべきかどうかを確認することができた。安全に対する人的要因の潜在的貢献が問題となったとき，確立されたアプローチを採用し，新しい「要因」に対

表 2.1 技術に基盤を置いた安全の質問

安全の懸念（質問）	意図
設計原理	設計されるシステム（機械）は何に基づくのか？ 明確で知られた設計原理があるか？
構造と構成要素	システムの構成要素（何でできているか）やそれらがどのように組み立てられているか，知っているか？
モデル	システムや，それがどのように機能するかを記述する明示的モデルを持っているか？ モデルは正しいと立証あるいは「実証」されているか？
分析手法	実績のある分析手法があるか？ それらは一般的に受け入れられているか，あるいは標準となっているか？ 妥当で信頼できるか？ 明確な理論的基盤を持っているか？
動作モード (mode of operation)	システムの動作モードを明確に記述できるか？ すなわち，システムが何をすることになっているか明らかか？ システムは単一の動作モードか，複数の動作モードがあるか？
構造的安定性	十分に維持されていると仮定して，システムの構造的安定性は，どの程度か？ 頑健か？ 構造的安定性の水準を確定できるか？
機能的安定性	システムの機能的安定性はどの程度か？ その機能は信頼できるか？ 機能的安定性の水準を確定できるか？

して試してみるのは自然なことだった。「人間は安全か？」という問いに緊急に答えなければならなかったがゆえに，言ってしまうと，ゼロから問題を考える時間も機会もなかったのである。組織の安全性に対する懸念が差し迫った問題となった7年後にも，同じことが起こった。しかし，どちらの場合も，表2.2が示すように，質問に答えるのが，ますます難しくなった。

　結局，技術システムの安全性を評価するときには，我々は回答にいくらかの信頼を置くことができるが，人的要因や組織の安全性を評価するときには同じように感じることができない。その理由は単純に，論点が，まったく意味がないとまでは言わないが，技術システムに対するよりも，意味がないことである。意味のあるやり方で質問に答えることができないにもかかわらず，人々（ヒューマンファクター）も組織もきわめて確実に機能し，そして現代の工業化社会が機能するのに ─そして，災害の場合には回復するのに─ おそらくは十分なほど確実に機能する。この，必要とされる回答を与えられないことに対

表2.2 技術，人的要因，組織に共通する安全の質問の関連性

安全の懸念（質問）	技術に関する回答の特徴	人的要因に関する回答の特徴	組織に関する回答の特徴
設計原理	明快で明示的	知られていない，推測される	高水準，プログラムに基づく
構造と構成要素	知られている	部分的に知られている，部分的に知られていない	部分的に知られている，部分的に知られていない
モデル	公式，明示的	主に例示，しばしば過度に単純化される	準公式
分析手法	標準化された，有効な	その場しのぎ，多いが実証されていない	その場しのぎ，実証されていない
動作モード	明確に定義されている（単一）	あいまいに定義されている，多くの異なる要素からなる	部分的に定義されている，多くの異なる要素からなる
構造的安定性	高い（恒久的）	多様，通常は安定的だが，突然崩壊する可能性がある	安定的（制度的組織），不安定（非制度的組織）
機能的安定性	高い	通常は信頼できる	良い，しかし高いヒステリシス（遅れ）

する対応策は，新しい方法を開発し，できれば測定しやすい介入仮説変数やメカニズムを提案することであった。

しかしながら，論理的な代替手段がある。すなわち，質問が間違った質問でないかどうかを検討することである。言い換えれば，我々の安全という概念が，実際に合理的なものであるかどうかを問うことである。

《第2章についてのコメント》

「居住環境（habitat）」という言葉は，通常，有機体や生態学的共同体が生活したり発生したりする場所や環境を指す。拡張して，たとえば水中の居住環境や宇宙空間でのスペースセツルメントのように，人々が生活したり長時間働いたりできる人間がつくり出した環境を記述するのにも用いられてきた。社会技

術的居住環境（socio-technical habitat）は，さまざまな個人や集合体の人間の活動（生活や仕事）を維持する必要のある，相互に依存する社会技術システムとして定義できる。作業環境（オフィスや病院，工場のような）は，それだけで見ると社会技術システムとして記述できるが，持続的に機能するには，たとえば労働力の輸送や製品の流通，コミュニケーションと制御などに関して，他の社会技術システムによって提供されるサービスにつねに依存する。

　安全の3つの時代についての記述は，Feyer, A.M. and Williamson, A. (eds), *Occupational injury: Risk Prevention and Intervention*（労働災害：リスクの予防と介入），London: Taylor & Francis に収められた安全，衛生，環境の組織的側面についてのレビューである Hale, A.R. and Hovden, J. (1998), Management and culture: The third age of safety（マネジメントと文化：安全の第三の時代）に見られる。3つの時代は，人々が考え，受け入れる支配的な原因については異なるが，安全とは何かを理解することについては異なるものではない。安全はつねに，リスクと事故がないことによって特徴づけられ，事故の原因を見つけることに焦点があった。言い換えれば，3つの時代は異なる原因を好んだが，安全の概念は同じだった。この区別を強調するために，この本では（3つの）安全の時代と安全の考え方の異なる段階について，さまざまに述べている。

　安全についての最初の本，Heinrich, H.W. (1931), *Industrial Accident Prevention*（産業災害防止論），New York: McGraw-Hill の重要性を過大に評価することはできない。この本は，約30年の間にわたり4版を重ねた。Heinrich は旅行保険会社の技術検査部門で副責任者として働いていたので，この本の背景は学術的というよりは実務的なものである。この経験則の背景は1920年代に起こった複数の事故であり，この本のすべてを事実として，あるいは今日の作業環境の基準として受け入れないよう，注意が必要である。一方で，この本の多くの事例をさらに詳細に検討すると，作業や技術の違いにもかかわらず，人間が自分の仕事を達成しようとするやり方はほとんど変わっていないことに気づく。

　「事故の解剖学（anatomy of accident）」は，Goodstein, L.P., Andersen, H.B. and Olsen, S.E. (eds), *Task, Errors and Mental Models*（作業，エラー，およびメンタルモデル），London: Taylor & Francis に収められている Green, A.E. (1988),

Human factors in industrial risk assessment —some early work（産業リスク評価における人的要因 —初期研究）に見ることができる。「解剖学（anatomy）」とは，再帰的に拡張できる一般的なフォールトツリー解析である。たとえば，「制御の失敗」は別の「解剖学」フォールトツリーのトップ事象として見ることができるという具合である。その意味で，「解剖学」は一般的な故障モデル（fault model）である。

　Julien Offray de La Mettrie（1709–1751）は，フランスの啓蒙主義（Enlightenment）に貢献したフランスの医師で哲学者である。彼の有名な同僚はドゥニ・ディドロ[*7]とヴォルテール[*8]である。Le Mettrie は，今日では主に彼の *L'Homme machille*（人間機械論，英訳版タイトルは *Machine Man*）で知られている。ここにおいて彼は，デジタルコンピュータが実用化される約 200 年も前に，人間を機械に例えることを提案した。人間を機械として考えられるという提案は，それ以来，我々のなかに残っている。安全においては，たとえば，Rasmussen, J. (1986), *Information Processing and Human-Machine Interaction*, New York: North-Holland [*9] に記述された「誤りをおかす機械（fallible machine）」としての人間の特徴づけに見ることができる。「誤りをおかす機械」という考え方は，第 3 章でさらに議論する。

　一般に高信頼性組織（High Reliability Organization：HRO）として言及される学派は，1980 年代後半，起こりえた災害を避けることに何とか成功したハイリスク組織（航空会社，病院，原子力発電所）の研究に端を発する。言い換えれば，失敗の研究というよりは失敗がないことの研究である。第 1 章で触れたカール・ワイクは，HRO の基礎として集団的注意深さ（collective mindfulness）という考えを紹介した。たとえば，Weick, K.E. and Roberts, K.H. (1993), Collective mind in organizations: Heedful interrelating on flight decks（組織における集団のマインド：操縦室の注意深い相互関係），*Administrative Science Quarterly*, 38, 357–81 を参照のこと。また，HRO のウェブサイトも

[*7] 訳注：フランスの哲学者・作家。百科全書の編纂者の一人。
[*8] 訳注：フランスの哲学者・作家・文学者・歴史家。啓蒙主義の代表者の一人とされる。
[*9] 訳注：邦訳は海保博之ほか訳『インタフェースの認知工学 —人と機械の知的かかわりの科学』1990 年，啓学出版。

ある（http://high-reliability.org/）。注意深さはSafety-IIと非常に関係があるので，後の章で数回にわたって言及する。

第3章
現　状

3.1　安全の考え方

　米国規格協会（American National Standards Institute）は安全を「許容できないリスクからの解放」と定義している。その許容できないリスクとは，間接的にいえば，確率が高すぎるリスクとして捉えられている。概してこの見方は，安全とは何も起こらない状況であるとする伝統的な捉え方とよく似ている。もちろん我々は，何が起こるか絶対的な確信を持つことは決してできないこと，言い換えれば何も起こらないだろうと絶対的な確信を持つことはできないことを知っている。したがって実際には，安全であることとは，何かが起こりうるという可能性が許容可能な程度に小さくて心配の必要はないこととなる。しかし，これは間接的でやや逆説的な定義である。なぜなら安全は，その反対の言葉[*1]を使って，「安全が欠落していること」「それがそうではないときに起こるもの」という表現で定義されるからである。この定義の結果として面白いことに，安全の測定も，「安全なときに何が起こるかによって」や「安全の質それ自体」ではなく「安全ではないときに何が起こるか」によって間接的になされることになる。（このことから，望ましくない結果の数値が高いと安全レベルが低く，数値が低いと安全レベルが高いという直感的ではない関連性がもたらされる。）

　人間行動に関しては，物事がうまくいかない状況に焦点を当てることには明

[*1] 訳注：高いリスク。

らかに意味がある。そのような状況は当然ながら期待されていないし，またそれらが生命や財産に意図せず不要な危害や損失を加えるおそれがあるからである。

人類の歴史のなかでこれまで事故はたくさん発生してきたが，それが目を引くものであってさえも（伝染病と戦争は除くと），数世紀前まではその記録は表面的で不完全なものであった。その初期の事例の一つとして，1444年のフェレーラ侯爵の結婚式の際の事故があげられる。これは観客による負荷がかかりすぎたために崩落したベネチアのリアルト橋の事故であった。橋の崩壊は，建物や橋，船などの構造に関連する静的なリスクに対応する第一世代の安全における特徴的な関心事である。1750年頃，蒸気機関の発明によって第二次産業革命が起こると，技術には欠陥があるかもしれないという懸念が増加した。初期の蒸気機関は据え置き型だったが，やがて技術開発者たちは，船に搭載したり（最初のものは1763年。ただし，この船は沈没した），車輪上に設置したりした（道路を走る蒸気機関車は1784年，線路を走る蒸気機関車は1804年）。

その後の急速な機械化は，それまで知られていなかったタイプの事故をもたらした。それらの要因の多くは，動的な技術の損壊や故障，誤作動などであった。第2章では，これらを安全の考え方の3つの世代という観点から示した。世代から世代への移行は，新たな種類の要因（技術，ヒューマンファクター，組織）を取り入れたことと対応している。しかしながら，望ましくない結果，事故やインシデントに焦点を当てる基本姿勢や，事故やインシデントの要因を排除することによって安全性が向上するという確信は変わらなかった。

慣れ

安全を事態が悪い方向に向かうことに結びつけて捉えると，その意図はなくとも必然的に，事態が良い方向に向かうことに注意が向かなくなる。これは時間と労力の観点における現実的な限界によるものである。それは，とくに産業化社会においては，すべてのことに注意を払うことは不可能であるためである。このことを言い換えれば，一種の効率性−完全性のトレードオフである。これについては後述する。しかしそれはまた，刺激を繰り返し受けていると，

段階的かつ無意識的に注意が低下する，慣れと呼ばれる現象でもある。慣れは，科学的には非連合学習と呼ばれる適応行動の一形態である。慣れを通して我々は，いつも起こることについてはいつも起こるという理由だけで無視することを学ぶ。「繰り返される刺激によって反応が鈍くなっていくこと」は慣れの正式な定義の一つである。心理学では，慣れは神経心理学のレベルで研究されてきており，またそのレベルで説明されてきた。

　しかしながら，慣れを日常的な人間行動のレベル（行為と反応）で捉えることも十分に可能である。はるか昔の1890年の記録であるが，心理学の創始者の一人であるアメリカの哲学者ウィリアム・ジェームス（1842–1910）は「習慣は，我々の行為に深くかかわる意識的な注意を減少させる」と書いている。これは基本的には，我々は何かが起きるとき（刺激）にも何かをするときにも，慣れてきたら注意を払うのをやめるということを意味している。慣れは，スムーズに運ぶことに対しては，しだいに気づかなくなっていくことだけでなく，気づき続けることが必要であると我々が考えていないことをも意味する。これは，行為についてもその結果についても当てはまるし，他の人がすることにも我々自身がすることにも当てはまる。

　効率性–完全性のトレードオフの視点だけでなく，進化の側面からも，慣れには多くの意味がある。予期しない，また日常的でないものに対して注意を払うことには合理的な理由がある一方，日常的あるいは同じようなことに多くの注意を払うことは時間と労力のむだづかいでありうる。ウィリアム・ジェームスを再び引用すると「習慣的な行動は確実で，目的を誤ることがなく，他の助けを必要としない」のである。行為がいつものように意図され予期された結果を導き，シンプルに事が運ぶとき，確実に注意量の減少が起こる。事態が正しい方向に向かうとき，期待された結果と実際の結果とに識別可能な違いはなく，そのため，注意を引き付けるものも覚醒反応を導くものも存在しない。なぜ事態が良い方向に向かったのかを調べる強い動機付けも存在しない。事態が明らかにうまくいったのは，システムがあるべき姿で働いて，厄介なことが何も起こらなかったためである。これは技術が仕様どおりに働いており，人々も同様だったことを示している（ように見える）。上の文章の第1の主張（結果

に顕著な違いがないこと）は受け入れられる。しかし第2の主張*2には致命的な欠陥がある。以下にその理由を明らかにする。

3.2　うまくいく理由

　病院内，航空機のコックピット，生産ライン，あるいはスーパーマーケットなど，職場でどのように仕事がなされるのかについて話すとき，「シャープエンド（sharp end）」「ブラントエンド（blunt end）」という語がよく使われる。「シャープエンド」は，作業が行われている状況を指す（たとえば患者を扱っている，フライトの状況を監視している，エンジンの部品を組み立てている，レジで購入品をスキャンしているなど）。それは，行為の結果が直接的にかつ直ちに，行為者自身に示される場でもある。（他に炭坑に関連する「切羽（coal face）」という語もよく使われる。）「シャープエンド」には，パイロットであるか医者であるか，あるいは発電所のオペレーターであるかにかかわらず，自身の仕事を遂行するために潜在的に危険なプロセスと実際にかかわらなければならない人々がいる。一方，ブラントエンドは，シャープエンドにおける事象にかかわる条件に直接的または間接的に影響を与える状況や活動を表すが，それらはシャープエンドからは離れた場所で行われる。ブラントエンドはシャープエンドの仕事に直接的には参加していない多くの組織層から成り立っているが，シャープエンドにおける働き手，設備，一般的な作業条件に影響を与えている。ブラントエンドは，管理者，マネージャー，あるいはデザイナーなどの役割を通じて，「彼らのシャープエンドにおける専門家に対する制約やリソースへの影響を介して」安全に影響を与える人々を表す。ブラントエンドは，時間的にも空間的にもシャープエンドの活動から除外されるという特徴があり，そのため，両者は残念ながら調整されることもなければ同期されることもないことになる。

---

*2 訳注：それは技術や人々が仕様どおりに働いたから。

行うことが期待された作業（WAI）と実際になされた作業（WAD）

　なぜ物事がうまくいき行為が成功するのかについて考えると，シャープエンドにおける全員は，自分自身の行為を，絶えずその状況に適応させるように作業を進めることでのみ可能となると理解している。（文献では，これは「実際になされた作業（Work-As-Done：WAD）」と表現されている。）しかし同じ作業であっても，ブラントエンドの観点から捉えるとまったく異なって見える。作業条件がどうあるべきか，あるいは作業条件をどう想定するかに関する一般的な仮説が与えられれば，ブラントエンドでは，作業はなされるべきもの（行うことが期待された作業：Work-As-Imagined：WAI）として力点が置かれる傾向にある。シャープエンドにおける人々は自身が行っていることを見ているが，一方でブラントエンドの人々は，他人が行っていることというよりむしろ，シャープエンドの人々はこうすべきであると想定していることを見ている。（ブラントエンドにおける人々は，自分自身が行っていることをほとんどまったく見ていないのは皮肉である。彼らもまた実際には彼らのシャープエンドに存在しているのであるが，そのことに気づいていない。）

　（伝統的な）シャープエンドの視点に立てば，WADはWAIとは異なるし，また異なっているに違いないということは明らかである。ブラントエンドの人々が，存在しうる可能な条件をすべて予見することは不可能だからである。シャープエンドから見た場合，WAIに基づいた作業指示は使いものにならず，WADはWAIと異なることは驚くに値しない。しかしブラントエンドからこの違いを理解することは容易ではない。外からあるいは遠くから見ていること，相当の遅れがあること，また存在しているはずのデータはいくつもの組織の層によって一部だけが到来していることなどがその理由である。ブラントエンドの人々は幸せなことに，WAIとWADには違いがないか，違いがあるべきではないと思い込んでいる。それら2つに食い違いが見いだされると，そのことが「うまくいかなかったこと」の説明に好都合に利用される。マネージャーは，現場が作業をどのように行っているかを見つめることは稀であり，またすべての時間を「実態を見る」のではなく「下を見下ろす」ことに費やしている。このため望ましくない事象はなぜ起きるのか，そして安全はどのように管理さ

れるべきかについての理解は，この仮説（実際の仕事が想定と違うから望ましくない事象が起こる）から導かれてしまうのである。

　この考え方を正当化する理由は，それが技術システムや機械に都合が良いからである。確かに機械は ─原子力発電所や航空機，あるいは大型ハドロン衝突型加速器のような複雑システムでさえ─ コンポーネントが個々にも，サブシステムに組み込まれたときにも，設計どおりに作動するから正常に作動するのである。それぞれの細部が極めて複雑なシステムであっても設計可能であり，すべてのコンポーネントが仕様書どおりに機能することを厳密に保証することによって，それらを確実に作動させられることが，長い経験から知られている。さらに，機械の作動環境は安定に保たれており，作動条件が狭い範囲内にとどまることを保証するために細心の注意を払われているため，機械の側が作動状態を調整する必要はない。実際，明確に規定された条件に対して，あらかじめ組み込まれている応答を除いては，機械がその機能を調整することはできないため，そのような注意を払う必要があるのである。そして，人間が機器の一つの代わりにシステムの一部となっているのは，多くの場合そのほうが安価であるか，同じ性能を発揮する機械的要素を組み立てる方法が未知であるからである。そのような条件下では，人間が機械的要素のように機能することが必要とされるわけである。

大きな幻影

　技術システムすなわち機械は，入出力，内部状態，状態遷移規則を一まとまりとした「有限オートマトン（finite state automaton）」あるいは「ステートマシン（state machine）」として形式的に表現できる。しかし，このような表現があることで，設計者や管理者は人間も同様のやりようで捉えてしまう。機械が機能して決められた出力値を出力するためには，正しい入力がなされなければならない。これは，ユーザはあらかじめ規定された入力のカテゴリーに適合したやり方で対応しなければならないということを意味している。また出力についても，ユーザが正しく解釈することが必要である。つまり，出力はあらかじめ規定された応答可能性の一つに正しくマッピングされるということである。

ユーザがそれができなければ，すなわちユーザの対応が期待されている対応集合に含まれていなければ，システムは事実上，不具合に陥ることになる。

このように技術が制限されていることによって，設計者は有限数の（たいていの場合それほど多くない）解釈と，それからもたらされる反応を考えておく必要がある。設計の目的は，必要に応じた適切な訓練と組み合わせることによって，ユーザを有限オートマトンのように対応させることであり，それは実際には，ユーザをオートマトンとして捉えることとあまり変わらない。このことは，化学プラントの制御室，銀行の ATM，あるいはスマートフォンなど，我々がヒューマン・マシンインタラクション（あるいはユーザインタフェース設計）と呼んでいるもののどれについても言えることである。またそれは，設計されるものであれば，社会的なインタラクションにも当てはまる。組織において，何かする必要があるというリクエストを送るとき，つまりある作業を指示するときには，ある種の対応が期待されている。そのリクエストを受けた人々は，社会的インタラクションが機能するためには，特定かつ限定的な方法で対応すると想定されていることになる。

もう一つの正当化の理由は，科学的管理理論の明らかな成功に見いだすことができる。アメリカの技術者であるフレデリック・ウィンスロー・テイラーによって 20 世紀初頭に導入された科学的管理法（Scientific Management）は，タスクや行動を要素分解することを作業効率改善の基盤にする方法を示したものであり，1930 年代に動作・時間研究を実用的な手法として確立した。科学的管理法の基本原則は下記のとおりである。

- 最も効率的なパフォーマンスを決定するためにタスクを分析する。分析は，タスクを行動や作業の基本単位から構成される基本ステップ —あるいは基本動作— に分解することによって行う。これは，我々が現在「タスク分析」—古典的階層的タスク分析あるいは認知的タスク分析のどちらか— と呼んでいるものの始まりである。
- タスクの要求と能力とが最良の組み合わせになるように人々を選択する。この実際の意味は，人々は能力過剰でも能力不足でもないようにせよということである。

- 特定のパフォーマンスができるように人々を訓練する。これは，人々がなすべきことができるようにするためである。このことは，彼らが必要最小限の能力を身に付け，やるべきこと以上のことはやらないようにすること，つまり決められたタスクや行動の枠を出ないようにすることを意味する。

4つめのステップは，経済的か他の種類の報酬によって，なすべきことを確実に遵守させることである。

20世紀の科学技術の発達は，未曾有の技術の信頼性をもたらした。コンピュータと自動車だけ取り上げてみても，1950年代のものと今日のものとを比べてみれば，このことは明らかであろう。人間の（そして組織についてはなおさらに）機能についても，同種の信頼性を基本的に同じ方法で得ることができると確信されていたのである。科学的管理法は，想定としての作業を対象とすることが，安全と作業効率に対する必要十分な基盤であるという見方の，理論的かつ実践的な根拠を提供した。（しかしながら，安全は科学的管理法によって考慮された問題ではなく，1911年のテイラーの本には記載さえされていない。）科学的管理法の紛れもない成功は，不具合事象の研究のあり方について，また安全性の改善について影響を及ぼした。不具合事象はコンポーネントを調べて，失敗したものを見つけ出すことで理解されるものとされた。その古典的な例がドミノモデルである。そして詳細な指示書や訓練を組み合わせながら作業を注意深く改善することで，人間の動作の変動を減少させ，安全性は改善されると考えられた。このことは，手順の効力（efficacy）に関して広まった確信や，同様に広まった手順遵守の重要視から知ることができる。ひとことで言えば，WADがWAIと同じものであることを確実にすることによって安全を達成できると考えられた。（科学的管理法は，人々を機械としてあるいは大きな機械の一部として扱うことで，（技術に焦点を当てた）安全性の考え方の第一段階を人間にまで拡張した。これは，ヒューマンファクターそれ自体が登場する以前のことである。）

誤りやすい機械

　伝統的なヒューマンファクターの観点は，人間と機械との比較に基づいているので，人間は不正確で変化しやすく，かつ遅いと見られる結果となっていることは，驚くほどのことではない．人間のパフォーマンスの多様性は，WADはWAIとは異なるという意味で，伝統的に事故の主要な要因とされてきた．これは，人間 X が Y の代わりに Y′ を遂行したら，その結果は異なっていたであろうというような事後の推論（言い換えれば，反事実的条件文）に起因している．その結果，事故分析とリスクアセスメントの実務はいずれも，システムは次に示す条件を満たすから作動しているという見方で安全を捉えていることを意味している．

- システムは良好に設計されている．このことは，望ましい結果を得るために，すべてのコンポーネントの機能がスムーズに結びついていることを意味している．ここで，システム設計者はうまくいかなくなりうるもののすべてを予測していて，必要な予防措置（冗長性，グレースフルデグラデーション（graceful degradation）[*3]，防護システムなど）をすべて採用していることが仮定されている．
- システムは，仕様に応じて適切な材料で構築されており，保全状態は良好である．構成要素を選ぶ際にも，構築したり組み立てたりする際にも，妥協はない．システムが構築された後は，構成要素や集合体のパフォーマンスは厳密に監視され，仕様はつねに満たされている．
- 提供される手順書は，完全かつ正確である．手順書は考えうるすべての状況や条件をカバーしており，かつすべての手順書が完全で一貫性があるという意味で，それらは完全なのである．（余談だが，原子力発電所での作業は約 30,000 の手順書に従って行われていると推定される．これと対照的に，大腿骨頸部骨折の緊急手術にはわずか 75 の臨床ガイドラインや指針しかない．しかし，それでも多すぎるくらいである．）また，手順書はあいまいさがなく，わかりやすい方法で書かれている．

[*3] 訳注：ディジタル伝送・記憶システムなどにおける品質保証技術．

- 人々は期待されているように，すなわち WAI のとおりに，そしてより重要なことだが，教えられ訓練されたように行動する。これは指示と現実とが完全に一致していることを意味しているし，訓練のためのシナリオが実際に発生することに対して 1 対 1 に対応していることを意味する。人々は，WAI に対して完璧に動機づけられているか，あるいはそのように行動するように強制されているか，どちらかであると仮定されている。

この考え方は，十分に試験されて良好に挙動するシステム，言い換えれば扱いやすい（tractable）システムを記述したものである（第 6 章参照）。それは場所的にも時間的にも，何ステップも実際の作業環境から隔てられたブラントエンドから見た世界の記述である。十分に試験され良好に振る舞うシステムでは，（よく設計され，完璧なメンテナンスがなされているから）機器の信頼性は非常に高く，作業者も管理者も，検査，監視，手順，訓練および操作においてつねに用心深く，スタッフは有能で，機敏で，よく訓練されており，経営陣は知識が豊富で洞察力があり，良好な操作手順書が適切な様式かつ適切なタイミングでつねに得られている（と仮定される）。このような仮定が正しいならば，人間のパフォーマンスが変動しやすいことは明らかに障壁であるし，（機械のように）正確なパフォーマンスができないということは障害であり，潜在的な脅威である。

世界をこのように見るならば，効率を維持しながら故障や誤作動を防ぐためには，科学的管理理論の本質である作業の標準化によるか，またはすべての種類のパフォーマンスの変動性を制限することによって，パフォーマンスの変動性を軽減したり取り除いたりすることは論理的必然である。パフォーマンスを制約するためには多くの異なる方法があり，あるものは他より明白である。それらの例として，厳しい訓練（ドリル訓練），多様な防護およびインターロック，ガイドラインや手順書，データやインタフェースの標準化，監督，規則や規程などが挙げられる。

正しいか誤りか？

　結果を成功か失敗かどちらかに分類することは，もちろん単純化し過ぎである。しかしそれは，受け入れられる結果もあれば受け入れられないものもあるという，一般的な考えを示すものでもある。受け入れられるか受け入れられないかの基準がハッキリしていることはほとんどなく，たいていの場合，遂行されている作業の条件 —局所的（急性あるいは短期的）か大域的（持続的あるいは長期的）か— によって変化する。たとえばタスクを完了させるのに大きなプレッシャーが掛かっているときにはうまくいったとされることでも，十分な時間があるときにはうまくいかなかったとされるかもしれない[*4]。さらに，特定の状況を考えると明らかに受け入れ可能と判断される場合もあるし，明らかに受け入れられない場合もあり，それらの間にはグレーゾーンがありえよう。

　特定の個人あるいはグループにとっては，特定の結果は受け入れ可能か受け入れ不可能かのどちらかであり，その両方ではありえない（繰り返すが，グレーゾーンは除く）。同時に，行動の結果は，ある人には受け入れ可能と判断され，ある人には受け入れられないと判断されるかもしれない。さらに，その判断は，あと知恵，意思決定後の正当化（post-decisional consolidation）などの要因の影響を受けて時間とともに変化する。したがって，価値観を異にする人がそれぞれに見れば，ある一つの結果が，正しいとも誤りであるとも判断されるということもありえよう。その違いは，結果自体や現れ方にあるのではなく，判断や評価によるのである。

うまくいくことを見るよりも，うまくいかないことを見る

　うまくいくことを見るよりも，うまくいかないことを見るとどうなるか，図3.1 で考えてみよう。この図は，統計的な失敗の確率が 10,000 分の 1 である場合を示している。この状況を通常 $p = 10^{-4}$ と表現する。何かが起きるとき，または行動が開始されるとき（患者が緊急治療室に入る，旅が始まる，ポンプ

[*4] つまり時間が切迫していれば多少の不出来は許されるが，時間が十分あれば許されない，ということ

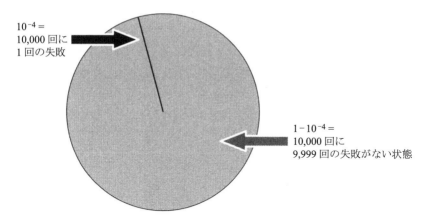

図 3.1 うまくいくことと，うまくいかないことが不均衡な状態

が起動される，バルブが閉じられるなど）はいつでも，10,000 事例のうち 1 例で失敗すると考えることを意味する。（実際には確率は事象の持続時間とも関連しているため，さらに詳細な検討が必要である。ここで持続時間とは，患者が ER（緊急治療室）から退室するまで，旅の終わりがやって来るまで，タンクが空あるいは満杯になるまでなどを意味する。）

この数字は，物事がうまくいかないことを，いつも我々は予期していることを示しているが（図 3.1 の細い線を参照），同時にその場合，物事がうまくいき，我々が望むアウトカムが導かれることを期待できる場合は 9,999 回あることを意味している（図 3.1 のグレーの部分）。1：10,000 という割合は，安全よりもパフォーマンスを重視するシステムや組織に対応している。読者に 1：10,000 はどの程度かというイメージを示せば，事故が原子炉の炉心の損傷を引き起こす確率（炉心損傷頻度）は，それぞれの原子炉について毎年 1：20,000 である。民間航空機の致命的な事故の確率は 1：7,000,000 であり，比較してみると 350 分の 1 である。一方，SITA（Société Internationale de Télécommunications Aéronautiques：国際航空情報通信機構）の統計によれば，2012 年，顧客 1,000 人につき 8.99 件の荷物の配送エラーがあった。これは 1：111 の確率に相当する。最後に，病院に入院した際，医療上の有害事象を受ける確率は 1：10 である。（読者は，これらの結果 ——炉心損傷，死亡，バッグの配送エラー，医

療被害—は実際には比較できないということで心を落ち着かせてもよいであろう。）

　うまくいかないことに焦点を当てることは，非常に多くの形で強化されている。監督機関や当局はどこでも，事故やインシデント，さらにいわゆる意図しない事象の報告を求め，それらを当該システムの安全性を監視するために用いている。ほとんどの国や国際機関には，不具合事象を精査することに専念する特別な部署や部局（機関）がある。この仕事では，彼らは，なぜうまくいかないかを説明するのに役立つ多数のモデルならびに，その原因を見つけて評価するための多くの手法に頼ることができる。事故やインシデントのデータがおびただしいデータベースに集められ，同じくらい多くのグラフに表現されている。またそれらのデータは，会社などにおいてオペレーションの安全性を管理するために，たとえば安全やリスク表示板などに使われている。事故やインシデントは，文字どおり何千もの文献や書籍で記述され説明され，専門的な国内外の会議が定期的に開催され（無数の会議報告書の流れをつくり出し），国内外の研究プロジェクトが，問題が二度と生じないように解決するための研究費を得ている。最終的には，リスク，失敗，事故などを回避する必要性と，そして彼らのサービスがどの程度それに役立つかをつねに我々に想起させてくれる専門家やコンサルタントや企業が多数存在することになっている。その結果として，どうしてうまくいかなくなるのか，それが起こるのを防ぐには何をすべきかについての情報があふれてしまう。このように失敗に対して焦点を当てることは，安全とは何で，どのように管理されるべきかについてのステレオタイプ的な理解と一致する。「見つけて修正する（find and fix）」—失敗や不具合を探し，その原因を見つけて除去するか防護策を改善する—として知られている単純な原則がその処方であるが，このやり方はしばしば，さらに多くのステップで飾りたてられ，それは開発サイクルと称されるに至っている。

　うまくいくとき，すなわち10,000のうちの9,999の事象が起こるとき，その状況はまったく異なる。（航空分野においては，実際の数字は印象的である。2012年には75の事故があり，414人が死亡したが，フライト数は3,000,000,000に近かった。したがって40,000,000のフライトのうち39,999,999では事故は発生していない。）これらのうまくいった結果は極めて重要ながら，通常はほ

とんど注目を浴びることがない。それらをさらに研究して，それらはどのように起こるかを理解しようとする提案が前向きに受けとられることはまず起こらない。そもそも監督機関や規制当局がうまくいくことに着目して，どんな頻度でうまくいくかの報告を要求することはないし，そうしようとする機関も部局も存在しない。誰かがそうしたいと思ったとしても，どのようにすればよいのかを知ることは容易でないし，データを見つけるのも困難である。利用可能な方法論はなく，理論やモデルもほとんど存在しない。

うまくいかないことを表現する豊富な語彙 —スリップ，ミステイク，不安全行動，コンプライアンス違反，それにさまざまな種類の「ヒューマンエラー」— は存在するが，うまくいっていることを表現する用語はほとんどない。「ヒューマンエラー」に関する理論はたくさんあるが，日常的な人間のパフォーマンスに関する理論は，たとえあったとしてもごく少数である。文献の数から見れば，どのように，なぜうまくいくのかを考察した書籍や論文は数えるほどしかなく，専門的な学術誌はない。そして結局のところ，この分野で専門性を主張する人々や企業や，価値があると考える人々や企業はほとんどない。組織となると状況は少し良くなる。何年もの間，どのように組織が機能し続けるか，どのように事故の抑止に向けたマネジメントをするかを考えることに持続的な興味が持たれてきたからである（第2章に記した高信頼性組織についてのコメントを参照のこと）。

この残念な情勢を説明するのは難しいことではない。うまくいくことに着目することは失敗に焦点を当てるという伝統的な見方とは相反するため，管理レベルからの支援はほとんど得ることができない。そして，それでもなおそれを理にかなった努力だと思っている人々は，実際に取り組もうとすると大きな不利益を被る。いまのところ，そのための単純な方法やツールはほとんどなく，学ぶべき良好事例もほとんどないからである。

3.3　Safety-I：うまくいかないことを防ぐ

これまでの議論は，筆者がSafety-Iと呼ぶ安全の捉え方としてまとめることができる。その理由は間もなく明らかにしよう。Safety-Iでは安全を，望まし

くない事象（事故，不具合，ニアミスなど）の数ができるだけ少ない状態と定義する。（「できるだけ少ない（as low as possible）」というと聞こえがいいが，それは「できる範囲で少なく」ということである。ここでの「できる範囲で」という限定条件は，コスト，倫理，世論などの条件で決まる。したがって「できるだけ少なく」は，聞こえほど良くはないし簡明でもないが，それは別の話である。）この定義を踏まえれば，安全マネジメントの目的は前記の状態を達成し維持すること，すなわち許容可能なレベルにまで不具合事象の数を減らすことである。Safety-I の事例は容易に見つけることができる。一般的な辞書の定義は，安全は「障害，負傷，または損失を受けること，引き起こすことに対して安全である状態」であり，さらに「安全である」とは「障害やリスクからの解放（free from harm or risk）」と冗長に定義している。アメリカ合衆国保健福祉省は，安全を「偶発的な損傷がないこと」と定義しているが，国際民間航空機関（ICAO）は安全を「人への危害あるいは財産への損害が，ハザード同定とリスクマネジメントを継続的に行うプロセスを通じて，受け入れ可能かそれより低いレベルにまで低減され維持されている状態」と定義している。米国規格協会（ANSI）は同様に，安全を「受け入れられないリスクからの解放（freedom from unacceptable risk）」と定義している。その結果，通常，安全目標は，ある期間内において測定される結果を減少させる観点から定義される。

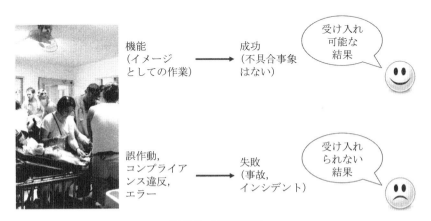

図 3.2　要因相違説

Safety-Iの「哲学」を図3.2に示す。Safety-Iは作業や行動について2モードまたは2値の状態があるという見方を推奨する。それによれば，結果は受け入れられるか受け入れられないかであり，行動は成功するか失敗するかである。このような見方は，事故やリスクを，各ステップの成否によってそれぞれの点から枝分かれが起こるという多段階発展形式で示す標準的な図式表現によって強化される。Safety-Iの仮定では，結果が受け入れ可能なとき，すなわち不具合事象が合理的に実現可能な限り少ないとき，それはすべてが定められたとおり，または想定されたとおりに（いわゆる「正常」な作動状態で）働くからであり，さらに人々は手順書に従うからであると考える。逆に結果が受け入れられないものであるとき，あるいは結果が事故や不具合として分類されるときには，それは何かがうまくいかないからであり，技術的あるいは人間的構成要素に故障や誤作動が生じているからであるとする。

この見方は，プロセスやシステムには2つの異なる作動状態があることを示している。1つはすべてがうまくいく場合，1つは何かがうまくいかない場合である。この2つの状態は明らかに異なると仮定されており，安全マネジメントの目的はシステムを1つめの状態にしておいて，2つめの状態には決して陥らないようにすることである。このことは，Safety-Iの目標を達成するために

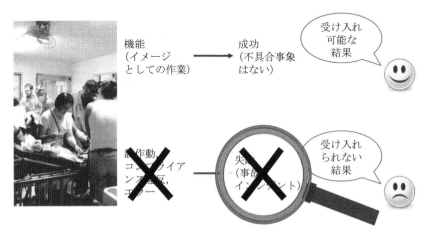

図3.3　見つけて修正

は2つの方法があることを意味する。1つめは何かがうまくいかなかったとき「エラー」を発見してそれを取り除こうとする方法である。これは前述の「見つけて修正（find and fix）」アプローチである（図3.3）。

Safety-Iの目標を達成するための2つめの方法は，突然移行するのか，段階的に「失敗にドリフトする」のかにかかわらず，「通常」状態から「異常」状態（あるいは故障）への移行を阻止することによるものである。この方法は，パフォーマンスを制約するか，またその変動性を制御したり軽減したりすることによってなされる（図3.4）。それは比喩的に言えば，日常的な作業のまわりにさまざまな種類の防護壁をつくることに相当している。すなわち，ある行動が起こされることやその影響が拡散することを防ぐ物理的な防護，前提条件（論理的，物理的，時間的）やインターロック（パスワード，同期，カギ）などを用いて行動を抑制する機能的な防護，サイン，信号，警報や警告など解釈が求められるシンボリックな防護，そして最後に，物理的には存在しないが内在する知識に依存する無形の防護（たとえば規則，規制，法律など）が挙げられる。

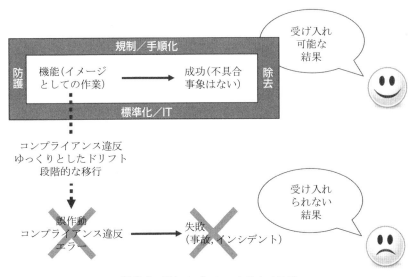

図3.4　異なるプロセスと異なる結果

異種原因仮説（Hypothesis of Different Causes）

「通常」状態から「異常」状態に移行するのを防止することに加えて，Safety-I の見方は，失敗に焦点を当てることと，それらの失敗の原因を探る必要性につながっていく。ある原因が見つかったならば，次の論理的な段階はそれを除去するか，疑われる原因・結果関係を無力にすることである。その原因は多くの場合，特定の構成要素と関連があるため，解決法として可能なことは，その構成要素が取り除かれるようにプロセスを設計し直すことや，コンポーネントが「より良い」ものに置き換えられるようにすることである。その例としては自動化によって人間を置き換える，設計に冗長性を取り入れる，さらなる防護や防御を組み込むなどがある。このような措置の後では，うまくいかないことがどれくらい少なくなったか，介入後の効果が測定される。このように Safety-I は，異種原因仮説と呼ぶ考え方を意味している。その仮説では，望ましくない結果（失敗）に導く原因や「メカニズム」は，「正常な」事象（成功）に導く原因や「メカニズム」とは異なるものとされる。そうではないとすれば，つまり失敗と成功が同じ道筋から発生するとすれば，それらの要因を除去することやそれらの「メカニズム」を無効にすることは，うまくいくことの起こりやすさを減らすことにもなり，逆効果になる。

「異種原因仮説」は，さまざまなタイプの不具合や「エラー」を表現する豊富な語彙によって支持されている（しかし不思議なことに，良好な行動を表現する語彙についてはそうではない）。1980 年代初頭には「オミッションエラー」と「コミッションエラー」という 2 つのカテゴリーしかなかった。しかし間もなく，さまざまなタイプの「認知エラー」や逸脱，規則違反などが補足的に追加された。それらの例として，表 3.1 にコンプライアンス違反のバリエーションを示してみよう。

Safety-I の視点による安全マネジメントの方法は，図 3.3 および図 3.4 のように示すことができ，その論理は以下のステップに従う。

- 失敗（事故やインシデント）の数が可能な限り（許容できる程度に）小さければ，システムは安全である。

表3.1　想定される作業に関連するコンプライアンス違反のカテゴリー

意図的ではない コンプライアンス違反	意図的ではない，理解の失敗：手順は何か，何をする必要があるかなどに対する人々の共通理解がない場合。
	意図的ではない，気付きの失敗：人々がルールや手順の存在に気づかないため，それらを用いて作業を行うことのない場合。
意図的な コンプライアンス違反	状況的コンプライアンス違反：たとえば，十分な時間やリソースがないために責務を行う状況ではなかったり，ルールや手順を遵守する状況ではない場合。
	企業の利益のためのコンプライアンス違反の最適化：個人が，企業や上司が本当に望んでいることになると思い込んで，近道行動（ショートカット行動）を行う場合。
	個人の利益のためのコンプライアンス違反の最適化：純粋に個人の目的に向かって近道行動（ショートカット行動）を行う場合。
	例外的なコンプライアンス違反：特別なそして新しい状況下では従うことが難しいような公式手順から逸脱する場合。

- 故障はプロセスや動作の不具合の結果なので，不具合の数が少なくなればシステムは安全になる。
- ハザードやリスクを除去することや，WAIとなるよう行動を制約することによって，不具合は減少する。
- 「正常」状態から「異常」状態への移行を阻止することで，不具合状態を防止できる。それは正常な動作の周りにさまざまな防護策に対応する「壁」を設けることで可能となる。この「壁」は，防護，規制，手順書，標準化などの技術を活用して効果的に行動を制約する。

　これらの対処法の効果に関してSafety-Iが過度に楽観的であることについては，広範な歴史的なルーツが存在する。90年ほど昔にさかのぼって産業安全が本格化し始めた時代には，少なくとも今日と比べれば作業がそれほど複雑ではなかったため，楽観には正当性があった。しかし第6章で述べるように，作業環境は劇的に変化してきた。そのため，往年の考え方は今日では妥当ではなく，そのような楽観的な解決法には根拠が見いだせないのである。

3.4　Safety-I：受動的安全マネジメント

　安全マネジメントの性質は，明らかに安全の定義に依存する。Safety-I は「望ましくない結果の数ができるだけ少ない状態」と定義されているため，安全マネジメントの目的は，そこに到達することだけということになる。実際は，安全目標は，たとえその発生確率が非常に低くても，望まざる結果の深刻程度に基づいているのが通常である。その良い例が，循環表現の形で図 3.5 に示されている。この図は，何かがうまくいかなくて，その結果として誰かが危害を受けたときに開始される 5 つのステップの周期的な繰り返しを示す。医療分野では，「危害を測る」ことは，何人の患者がどのような種類の望ましくない事象から被害を受けたり死亡したりしているかを計量することである。鉄道では，事故は「鉄道会社の作業時間 20 万時間当たりの従業員の死亡，勤務不能障害，軽微なケガ」あるいは「報告基準を満たす 100 万走行マイル当たりの列車や踏切の事故」と定義される[*5]。安全に関連するどの領域においても，似たような定義が見られている。

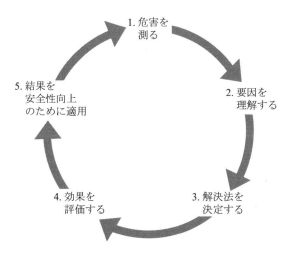

図 3.5　受動的安全マネジメントサイクル（WHO）

[*5] 訳注：デンマークの場合。

この安全マネジメントのアプローチは明らかに受動的である。うまくいかなかったこと，あるいはリスク（うまくいかない可能性があること）として捉えられたことへの対応として，この 5 ステップの繰り返しが開始されるからである。典型的な対応は，原因を見つけることと，適切な対策を行うことである（先述の「見つけて修正（find and fix）」による解決法（p.53 など）を参照）。対策の例としては，原因の除去，エラー検出と修復の手段の改良，コンプライアンスの強化，新しい安全手段の導入などがある。その後で，事故や望ましくない事象の数が減少したかを調べることで対策のインパクトを評価すること，最終的にはシステムやプロセスの安全性向上のためにその経験を活用することが行われる（図 3.5 参照）。

　受動的な安全マネジメントは至るところに存在する。どの主要紙も日々少なくとも一つは取り上げることは間違いない。この例を示すと，2012 年 10 月 1 日の香港ラマ島沖の衝突報告が，本章を書いているときにリリースされた。39 名の死亡を伴う今回の衝突事故は，過去 40 年以上を通じて香港最悪の海難事故である。それは，遊覧船ラマ IV 号と，香港九龍フェリーによって運航されているフェリーによるものだった。事故調査では「ラマ IV 号の設計，建造および検査の過程において……ほとんどすべての段階で多くの異なる人々による，とめどないエラーが発生していた」ことがわかったとしている。それに対応して政府は報告を真剣に取り上げ，「教訓を学び，海上安全を確かなものにして国民の信頼を回復するため，根本的な改善や改革を行うことに努力を惜しまない」ということを明確にしたという。素朴に考えて，このような態度が事故の前に存在しなかった理由は何なのだろうか。

　事象がそれほど多く発生せず，現実の作業に注意を向けるのが困難あるいは不可能にならないとき，すなわち不具合事象への対応が実際の行動を妨げないときには，受動的安全マネジメントは原則的には機能する。しかし不具合事象の頻度が増加した場合には，対応の必要性は遅かれ早かれ多大な対処量を要求するようになり，多くの時間を要するようになるため，結果として対応は不十分となり，しかも実際のプロセスより遅れてしまう。このような条件下では，システムには対応から回復して通常の生産的な状態に戻るのに十分な時間が与えられないことになる。実際にはそれは状況のコントロールが失われることを

意味し，それとともに効率的に安全をマネジメントする能力が失われることを意味する。

　この条件の具体的な例を見いだすのは容易である。過酷な気象 ―竜巻，台風，大雨と洪水，あるいは極端な暑さや寒さ― は対応するための救助サービスの対処能力を簡単に使い果たしてしまう。同様のことは，森林火災や，船舶または海底からの大規模な石油流出にも言える。緊急治療のために入院措置を受け入れる割合が，患者が治療を受けて退院する割合よりも高い場合，彼らを治療するための対処能力はすぐに尽きてしまうであろう。これは日常的な条件においても，また香港で2006年に発生したSARS大流行のような流行病のときにも起こりうる。さらに日常的なレベルでは，すべての規制された産業（発電所，航空会社など）は，法律によって義務づけられているインシデントレポートの大混乱よりも一歩先を行くべく苦闘している。最も重大なクラスのイベント類を分析するだけでも，実際に起こったことを理解し対応するための時間は不十分なのだ。

　効果的であるためには，後追い的な（リアクティブ：reactive）安全マネジメントでは，プロセスがいつも管理されている状態であり，不具合事象は時間的に先行して対応（予見：anticipation）できる程度に規則的である必要がある。最悪な状態は，まったく未知のことが起こるときであることは明らかである。実際に対応がなされる前に，その事象が何であるか理解し，何をすべきか考え出すことに時間とリソースを消費しなければならないためである。後追い的な安全管理を効果的なものにするためには，組織があらかじめ用意された対応策に最小限の遅れで着手できるように，事象をできるだけ早く覚知できなければならない。このやり方の欠点は，その覚知が性急で不注意なものであると，不適切で効果のない対応になることもあるということである。

　Safety-Iの考え方は，事故調査だけではなく，リスク分析やリスクマネジメントにおいても見いだすことができる。リスク分析は将来発生しそうな事象 ―起こる可能性があるが，まだ起こっていないこと― を探るものであることから，Safety-Iはこの点では先取り的（プロアクティブ：proactive）であると主張できる。時間的に先を見ることは，もちろん基本的にはプロアクティブであるが，リスク分析はほとんどの場合，システムのライフサイクルが開始され

るときの1回しか行われない。（事故や安全に重大なかかわりがある産業では，n 年毎に繰り返すことが要求される。）しかしリスク分析が，プロアクティブであると評価されるための必要条件である継続的実施の形でなされることはない。リスクマネジメントは概して，プロアクティブというよりもリアクティブである。それはリスク分析や事故後の状態を通じて発見されてきたリスクへの対応としてなされているからである。

コストとしての安全

　Safety-I の考え方が，安全とコアビジネス（つまり生産）との間でリソースを取り合っているように見られることは不運であり，非生産的でもある。安全への投資は必要だが，生産性のないコストのように見えてしまい，安全マネージャーはこれらの投資を正当化し維持し続けることに苦労を感じているかもしれない。このジレンマは「もし安全維持費用が高すぎると思うなら，事故を起こしてみればよい」という言葉によって特徴付けられる。このような言葉があるにもかかわらず，企業の上層部や経営会議は安全のための投資をすることの重要性を理解することは難しく，とりわけ相当長期にわたって深刻な事故が発生していない場合や，資本コストを回収する必要がある場合にはなおさらである。すべてがうまくいっているように見えるなら，何の失敗もない。それでなぜ，失敗を防止するのに投資が必要なのか？ という話になる。

　安全に対するこの「経理上の態度」はある意味では正当である。コンプライアンスを高めたり，直接的には生産性に貢献しない付加的な防護を構築したりするための資本投入は，たしかにコストだからである。つまり Safety-I の見方に立てば，安全性と生産性との間の葛藤は当然のことになる。これが安全に関する視点を変えるもう一つの理由である。

　Safety-I は後追い的であり防御的である。うまくいかなかったこと，あるいはうまくいかなくなりえたことだけに焦点を当て，さまざまな形態で制限を設けたりコンプライアンスを導入したりすることで，それらを制御しようとしているからである。しかしながら，作業には柔軟性と多様性が必要とされるため，防御的安全は組織の生産性向上の取り組みとは矛盾することが起こりう

る。安全性向上のための投資の責任者は，生産性に悪影響があるかどうかを考えることはあるだろうが，生産性を向上させることができるかどうか，実際に考えたことはないと思われる。（多少とも希望が持てるのは「コストが何であろうと安全が最優先」という神聖な言葉のみである。この言葉は，困難の多い現代にあって，安全の予算がまず真っ先に削られるという事実とはまったく対照的である。）Safety-I は不具合事象を防ぐことに重点を置いているため，安全性と生産性は競合する。この矛盾は Safety-II の視点には存在しない。しかしその議論に進む前に，Safety-I の実践を正当化してきた神話について考察することが必要である。

《第3章についてのコメント》

　習慣形成や慣れが実験心理学のトピックになったのは 1920 年代からである。ここで使われた慣れの正式な定義は Harris, J.D. (1943), Habituatory response decrement in the intact organism, *Psychological Bulletin*, 40, 385-422 によるものである。ウィリアム・ジェームスの引用文は James, W. (1890), *The Principles of Psychology*, London: Macmillan and Co. からのものである。1世紀以上前のものにもかかわらず，*The Principles* は今日でも有効な多くの洞察が含まれていて，後世の著者たちのものよりも妥当な表現が頻繁に用いられている優れた書籍である。

　シャープエンド（sharp end）とブラントエンド（blunt end）の区別は，現在の状況だけでなくそれ以前に組織の別な場所で生じたことによっても人間のパフォーマンスが決定されることを示す考え方として，1990 年代初頭から支持を受けている。

　焦点は主に「ヒューマンエラー」に当てられていたが，「エラー」は作業を行った人々のせいだけではなく，作業を計画し，組織化し，準備した人々のせいでもあることを明確にするためにブラントエンド概念が導入された。最も古い文献はおそらく Reason, J.T. (1990), *Human Error*, Cambridge: Cambridge

University Press *6 の前書きである。ただし，そこではシャープエンドの代わりにフロントエンド（front end）の表現が用いられている。シャープエンド・ブラントエンドの考え方では，何らかの線形的な因果関係が両者の間に存在することが要請される。このため，この考え方の価値はしだいに失われつつある。この章での議論が指摘するように，シャープエンドとブラントエンドの間では，作業のなされ方について，明らかに見方が異なっている。そしてこの相違は，安全マネジメントのあり方を考える上で極めて重要である。

　提唱者の名前を受けて「テイラーイズム（Taylorism）」として知られている科学的管理法は，作業と作業の流れのシステム的（科学的）な分析による労働生産性向上を目的とした考え方である。それは「機械としての人間」に関する La Mettrie の考え方を「機械のパフォーマンスとしての作業」に拡張したものと見ることができる。そこでは，労働者は機械の一部を置き換えたものとして捉えられている。今日ではテイラーイズムは，WAD を WAI に縮約することの正当化を目指す柔軟性のない機械的アプローチとして，否定的な意味でしばしば用いられている。

　ALARP（As-Low-As-Reasonably-Practicable）の原則は，安全（Safety-I の意味で）は絶対的というよりも相対的な用語であるということを直接的に認めている点で興味深い。この点は英国海洋施設規制（UK Offshore Installations Regulations）で次のように非常に明確に表現されている。

> 対策が実行可能であり，対策のコストが得られる利益に対して著しく不相応な状態ではない場合，その対策は合理的に実行可能であり実際に導入されるべきである。

　換言すれば，組織にとって可能な限りリスクをできるだけ低くしなければならない。ALARP は，低いリスクは高い安全性と対応するという反直観的な用語法の別な事例でもある。Safety-II では，対応する原則は AHARP（As-High-As-Reasonably-Practicable）である ― 安全は合理的に実行可能な限りできるだけ高くしなければならない。

　防護の本質と目的に関する広範な分析は Hollnagel, E. (2004), *Barriers and*

---

*6 訳注：邦訳は十亀洋訳『ヒューマンエラー [完訳版]』2014 年，海文堂出版。

Accident Prevention, Aldershot: Ashgate *7 に示されている。この本はまた，安全の考え方に関する歴史的な発展について，さらに詳しい説明を提供している。

---

*7 訳注：邦訳は小松原明哲監訳『ヒューマンファクターと事故防止』2006年，海文堂出版。

第4章

Safety-I の神話

　人間は（自分の行動には正当な理由があるという意味で）合理的であることを誇りに思っている。芸術家は別として，少なくとも仕事の場ではそうであろう。合理的な行動という理想的概念は，自分の振る舞いには理由があり，決定を行うに際しては状況の認識と，いくつかの選択肢に関する肯定・否定の考察を踏まえているということを意味している。（振る舞いや行動の多くにおいて──スキルベースとかルールベースとか呼ばれる── 程度の差こそあれ，自動的な内容が含まれることは明らかである。しかしこの場合でも，スキルやルールは知識ベースとして高く評価される合理的な選択の要約とされている。）

　このことは安全に関係した行動，すなわちすでに起こった事象を分析する際や，これから起こるかもしれない事象を予見しようとする際にも，よく当てはまるはずである。それが悪いことに関係している場合に，とりわけその傾向がある。

　しかし我々は何かを行う場合に，効率性と安全性のトレードオフ（ETTO：efficiency-thoroughness trade-off）に従っていることもまた事実である。つまり何かを行う場合には，完全であろうとすることと効率的であろうとすることの間でトレードオフまたは犠牲となる行動が存在する。このことは我々が安全を扱う際にも同様である。事故調査は決められた日数またはリソースの範囲で完了することが求められ，例外となるのはよほど稀でかつ深刻な事象が起こったときだけである。リスクアセスメントも，大掛かりなものでさえ，時間とリソースの制限を受ける。

　このことの一つの解釈として，我々自身が行っているとプライドを持って想定する推論（または合理的思考？）は，実際のところは我々が「仮定」と呼

ぶ精神的なショートカット（近道）に基づいているという見方がある。ここで「仮定」とは，すでに出来上がっていて我々が信頼し，わざわざ推論をすることなく受け入れる結論であり，当然のこととして受け入れられていて疑念を持たれることはない。「仮定」は人間活動の重要な構成要素であり，社会的または職業的集団のなかでは共有される。「仮定」が本質的である理由は，我々にはその内容が本当に正しいかどうかを確かめるための十分な時間がないからである。我々は「仮定」が正しいことを当然のこととして受け入れる。その理由は，ほかの人々もその「仮定」を用いているからである。そして同じ理由から，その「仮定」を信頼する。

　仮定は強く信じられてしまうと，しばしば神話に転化してしまう。仮定は証明なしに当たり前だと受け入れられてしまうものであるが，神話は世界観の本質的な構成要素となった確信である。長い期間にわたって存続してきた仮定は，やがて神話に変転してしまうことが起こりうるが，そのような変転が起こるくらい長い時間が経過した段階では，仮定はおそらく妥当性を失っている。仮定については，時間やリソースがある場合には疑義が投げかけられることもあるが，神話は時間やリソースがあったとしても疑われることはない。

　上記のような指摘に対して，「安全マネジメントは事実や証拠だけでなく神話や仮定も含むことは自分もわかっている」と抗議する人々は多いかもしれない。また神話が誤りを含むということは，わざわざ言うまでもないことかもしれない。実際，神話であるということは，誤りを含む運命にあるとさえ言えよう。それでもなおこの指摘を行った理由は，このような神話や仮定が，それと認識されていてもなお，安全マネジメントの分野では利用され，重要な役割を果たしているからである。

　それら神話や仮定を学術的な鑑定家（cognoscenti）は使わないかもしれないが，実務家が安全や安全マネジメントに向き合う際は ―より良い表現がないため― 日常的に利用されている。たとえば年次報告，多くの人々の確信，誰もが持っている一般的「知識」などのなかに，この種の神話を見いだすことができる。それらは実践活動において，本来あってはならない大きな影響を及ぼしているのである。

　Safety-I はさまざまな仮定や神話を含むため，結果としてそれらを是認して

いる。それらの神話や仮定は，我々が望ましくない結果に関する認知のあり方，理解の仕方，対処の仕方 ─つまり安全をマネジメントするやり方─ などに決定的な影響を及ぼすものであるがゆえに，それらのうちの重要なものについて，もっと詳しく考えておくことには意義があろう。

4.1　因果律についての信条

　Safety-I における最も重要な神話は，得られている結果はそれに先立つ原因事象が及ぼす効果として理解されるという，語られていない仮定である。この考え方は，因果法則に対する確信もしくは信念に対応しているため，このような見方を"因果律についての信条"と呼ぶことにする。この仮定は Safety-I について考える際の基盤をなすものであり，下記のように要約できる。

1. うまくいくこと，うまくいかないことには，それぞれの原因があり，それらは互いに異なっている。望ましくない結果（事故やインシデント）が起こるのは，何かがうまくいかなかったからである（図 3.2 参照）。同様に，望ましい結果が起こるのは，すべての物事が期待されるとおりに働いたからである。ただし，後者についての考察がなされることはほとんどない。
2. 望ましくない結果には原因があるので，十分なエビデンスを集めることができれば，それらの原因を見つけることは可能なはずである。原因が見つけられれば，それらに対して，除去する，閉じ込める，または中和する（打ち消し作用を施す）ことはできるはずである。そうすることで，うまくいかないことの数は減少し，安全性は向上するはずである。
3. すべての望ましくない結果は原因を有しており，原因はすべて見つけることができるのだから，すべての事故を防ぐこともできるはずである。

　因果律についての信条は，我々が原因から結果へと（前向きの因果律）推論を進めるに際しては明らかに合理的である。しかし不幸なことに我々は，結果から原因へと逆方向に推論をすること（後ろ向き因果律）も同様な正当性をもって可能だという誤った確信を持つように欺かれることにもなる。後件（す

なわち結果）が「真」であれば，前件（前提）も「真」であると結論づけることは，多くの場合に妥当な推論であるように見えるかもしれないが，残念ながら論理的には正しくない。それどころではない。このような不正確な推論は比較的複雑度の小さいシステムについてはもっともに思えるかもしれないが，複雑なシステムについては妥当性を持たない。このことは，因果律についての信条と典型的な事故モデルとを対比して考えれば明らかであろう。[*1]

事故解析においては，因果律ではなく逆方向の因果律が，支配的な役割を果たしている。因果律によればそれぞれの原因は対応する結果を有しているが，逆方向の因果律によればそれぞれの結果は対応する原因を有していることになる。この考え方は，事象が（原因なしに）自分自身で生じるということは心理的に受け入れられないことを考えれば合理的といえようが，現実には正当性を持たない主張である。また，仮に原因が何か存在しなければならないとしても，その原因が発見できるかどうかは別問題である。原因が発見できるという確信が持たれるとすれば，それは2つの仮定に基づくものである。それは，前掲の逆向きの因果律（が成立する）という仮定と，結果から原因に向けて時間的に逆向きに推論することは論理的に可能だという仮定（合理性仮定）である。人間は論理学の法則とは矛盾するような推論をしがちであるというよく知られた問題点を別にしても，合理性仮定もまた現実には存在しない決定論的な世界を要求していることになる。

安全について考える際には，過去と未来の間で対称性が保たれていなければならない。対称性とは，未来の事故は過去に起こった事故と同じ形で起こることを意味する。別な言い方をすると，過去に事故が起こった理由は，未来に生じるであろう事故の理由と同じでなければならない。しかし，社会技術システムはつねに変化しているのであるから，そうなると過去の事故と未来の事故は，同様の事象や条件により生じるのではないことになってしまう。[*2]

[*1] 訳注：「もしAであれば，Bである」またはその論理式表現「IF A then B」という命題は，Aが正しければBは正しい，またはAが成り立つならBも成り立つということを示している。例としては「もし人間であれば，ほ乳類である」「もし鉄であれば，金属である」などを想起すれば明らかなように，逆方向の推論は論理的には正しくない。

[*2] 訳注：この記述は，因果律についての信条を前提としている。

そうではなく，常識的にいって，説明の原則（つまり因果律についての信条）では，過去についてだけでなく未来についても正しいということが意味されている。もしそうでないとしたら，現在（まさにいま）の時点において何か不可解な力が存在して，物事が作用し，物事が起こる機序が変わってしまうことになる。そんなことは理屈に合わないのであるから，結論的に言えば，過去と未来の間には対称性が存在するし，とりわけ事故のモデルとリスクのモデルは同じ原則に従うべきことになる。

今日では，少なくとも3種の事故モデルを区別すべきことが常識になっている。シーケンシャルモデル，疫学的モデル，そしてシステミックモデルである。これらのなかで，シーケンシャルモデルと疫学的モデルについては因果律についての信条は成り立つが，システミックモデルについてはそうではない。

事故のシーケンシャルモデルのプロトタイプはドミノモデルである。このモデルは一組のドミノが次々と倒れていく場合のような単純な線形因果律を表している。このモデルの論理に従えば，事象分析の目的は，最後の結果から時系列を逆向きに，失敗した要素を一つ一つたどっていくことになる。

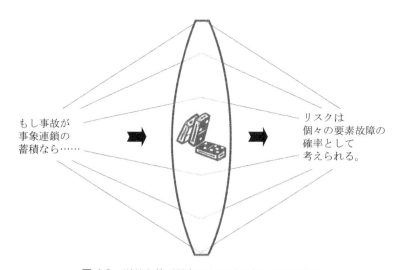

図4.1　単純な線形思考による原因やリスクの表現

この考え方は本質的には根本原因分析（Root Cause Analysis : RCA）の原理に対応している。RCA については本章で後述しよう。同様に，リスク分析は，何かが「壊れる」かどうか，つまりある要素が，それ自身として，あるいは他の要素の故障や異常動作によって，故障または異常動作をするか否かを探求する。

ここでの組み合わせは，単純な論理的組み合わせ（AND あるいは OR）であり，事象は事前に決められたシーケンスに従って起こると仮定される。定量的リスク分析では，ある要素の故障や，ある事象の組み合わせが起こる確率の計算が試みられる（図 4.1）。

1980 年代には疫学的モデルがこの単純な線形モデルに取って代わっている。疫学的モデルのうちで最もよく知られた例が，スイスチーズモデルである。このモデルでは事象は複数の線形因果関係の組み合わせとして表現され，望ましくない事象は，アクティブな失敗（または不安全行動）と潜在的条件（ハザード）の組み合わせによるものとされている。事象分析は，劣化したバリアまたは防御策と，アクティブな（人的）失敗がどのように結びつくのかを探求することになる。

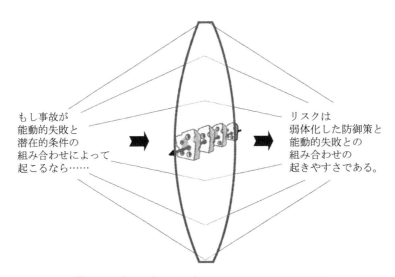

図 4.2　線形思考の組み合わせとしての原因とリスク

同様に，リスク分析は，単一の失敗と潜在的条件の組み合わせが望ましくない事象へとつながる条件を発見することに傾注することになる。ここで潜在的条件は劣化したバリアかまたは弱体化した防御策として想定される（図4.2）。

因果律についての信条の影響

因果律についての信条は，システム内での物事の起こり方や，システムの構成のされ方に関するいくつもの仮定を含んでいる。その仮定は以下のとおりである。

- 検討の俎上に上がっている対象は，意味のある要素の集まりに分解できる。これらの要素は，その対象をシステムと見るか，過去または未来のシナリオと見るかによって，構成要素または機能を指すことになる。
- 個々の要素の働きは，構成要素の場合でも機能の場合でも，オン／オフ，真／疑，作動／失敗のように2モード形式で記述できる。（さらに，それぞれの要素がどちらのモード状態にあるかという確率，つまり作動しているか失敗しているかの確率も計算可能である。）
- ある活動の一部分のような事象集合の場合，それら事象は事前に決まっている確定的なシーケンスとして生起する。（THERP[*3]のツリーはこのことを的確に示す事例である。）この仮定により，シナリオは枝分かれするシーケンスによって記述できることになる。つまりツリー形表現である。もし別のシーケンスが考慮されるのなら，別のツリー形表現が求められる。
- フォールトツリーにおけるようにシーケンスの組み合わせが生起するときには，それらは個別に扱えて干渉しない。
- 状況や環境からの影響は限定的であり定量化可能である。定量化可能という意味は，失敗や異常動作の確率を調整することによって影響を見積もることができるということを意味する。

[*3] 訳注：THERP は Technique for Human Error Rate Prediction のこと。この手法は人間信頼性解析（Human Reliability Assessment：HRA）の古典的手法として知られている。

4.2 問題のピラミッド

　もう一つの神話は，異なるタイプの望ましくないアウトカムは，異なった頻度に対応する特徴的な比率で生じるということである．生起頻度の違いは，異なるタイプの結果を異なる層に対応づけたいわゆる事故のピラミッド，またはバードの三角形として図式化されている．事故ピラミッドの代表的な例を図4.3 に示す．

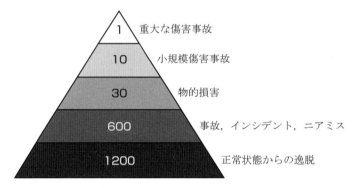

図 4.3　事故のピラミッド

　ここでの神話は，事故のピラミッドで表現された異なるタイプの結果の比率が，実際のある期間（たとえば 1 年間）に得られた現実の比率が正常か否かを判定するのに利用できるということである．この考え方は，ある会社の事故の発生数が大きすぎるので懸念すべきであるとか，十分に小さいので心配する必要はないとか，そのような判定に利用され，年次報告のなかに記載されるなどしている．このピラミッドの意味することは，結果がより過酷なものであればその生起数はより少ないだろうし，逆に結果の過酷さがより小さいならばその生起数は多いであろうということである．図 4.3 のなかに示されている数値は，一般的に了解されている「参照比率」である．

ピラミッドの起源

　この事故ピラミッド表現は，産業安全の真のパイオニアであったハインリッヒ（Herbert William Heinrich）によるものとされている。最初の図式表現は1929 年の論文のなかで「主な傷害事故の構成」を説明した表の一部として示されている。この図式表現では，1 件の大きな傷害事故を表す小さな黒い四角形の下に 29 件の小規模傷害事故を表す黒い横棒が配置され，その下に 300 件の傷害を伴わない事故を表す，より幅広で長い横棒が配置されている（図 4.4A 参照）。この表には以下の説明が記されている。

> 前述したように，人的傷害事故（重篤度は問わない）1 件について少なくとも 10 件の（人的傷害ではないタイプの）事故が起こっている。さらに言えば，重大な傷害事故は生起することが希であるため，330 件の事故に対して，重大事故 1 件と小規模な傷害事故 29 件が見いだされている。このことに目を向ければ，主に重大事故の分析に基づいていて，29 件の事故は記録されるだけであり（分析されることは稀），さらに残りの 300 件はほとんど無視しているような今日の事故回避対策は明らかに見当違いである。

　これらの数字は根拠なく示されているわけではない。トラベラーズ保険会社による 50,000 件の事故分析に基づいている。これらの数字が有名になったのは，包括的な事故の記述と分析を示した最初の書籍で 1931 年に刊行された *Industrial Accident Prevention*（産業事故防止）の初版に記されていたからである。それ以降の研究はこれらの数字や比率を検証しようとしたものになっている。

　もっと包括的な研究はフランク・バードによる 1969 年の研究であろう。この研究では 21 の産業グループに属する連携企業 297 社が報告した 1,753,498 件の事故が分析されている。バードは 4 種の結果カテゴリー（死亡事故，重大事故，事故，インシデント）を用いて，それらの発生数の比は 1：10：30：600 であると結論づけている。

　ハインリッヒの著書は版を重ねたが，1962 年の彼の死去の数年前に刊行された第 4 版においては，図式表現は図 4.4B のように変更されている。ここでは四角形と 3 つの横棒が，遠近画法に見える形に重ね書きされ，事故への道筋

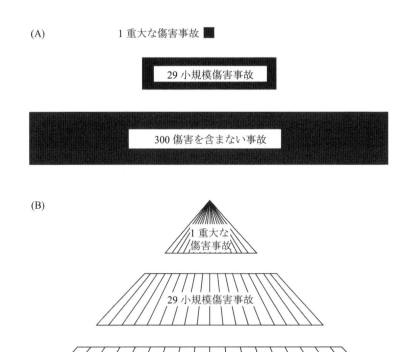

図 4.4　事故のピラミッドの 2 つの表現

を示すような描き方がなされている。しかし，この描き方はピラミッドの様式化（stylished）された表現とも見ることができ，知覚的なあいまいさを含んでいる。

　事故のピラミッドは通常，「重大な傷害事故 1 件に対して，ずっと多数の小規模傷害事故が存在し，さらに多くの物損事故およびはっきりした傷害や物損のないインシデントがより多数，存在する」と解釈される。これらのカテゴリーに属する事象数が固定的な関係，またはほとんど変わらない関係を示すように見えるため，これら異なるレベルにわたって共通の事故原因があること，そしてそれらは論理的で線形な関係を有することが仮説として受け入れられて

いる。

この仮説によれば，多くの異常事象が見いだされるならば[*4]，多くの危険な事象が予測され，防止され，最終的には大規模な事故も防止されることになる。しかし物事はそれほど単純ではない。

ピラミッド表現の問題点

事故のピラミッドが示している関係性と意味合いは単純で魅力的であるが疑わしい。カテゴリーの定義とカテゴリー間の関係の意味付け，いずれについても問題がある。

カテゴリーの定義については，ハインリッヒは慎重である。各カテゴリーの名称は傷害のタイプの違い，すなわち結果の違いを表しており，事故のタイプを表してはいない。このことは図4.4に用いられている名称を見れば明らかである。

しかし後期のバージョンでは，ピラミッド各層の名称は，事故，インシデント，ニアミス，不安全行動とか，（医療分野を対象にした場合には）重大事故，防止可能な重大事象，中規模の被害をもたらす事象，ニアミスなどのように，事象のタイプを示すようになっている。これらの名称がどうあるべきかという点について合意がないだけでなく，名称のいずれも明解であいまいさのないカテゴリーを表してはいない（第1章で述べた測定問題に関する討論を参照のこと）。

重大な傷害は小規模の傷害に比べて一層深刻であることは明らかであるが，上記のカテゴリー名は，意味は自明であると都合良く仮定されている。そのため，ある望ましくない事象がどのカテゴリーに割り当てられるかについては基準も指針も存在しない。ハインリッヒの元々の表現も例外ではない。ハインリッヒが1929年に3つのカテゴリーを提唱し，それぞれの事象の生起数を計数したときには，人生は現代のそれに比べれば相対的に単純であった。背景事情とされた状況は1920年代の就業事故であり，そこでは木工，金属精錬，化

[*4] 訳注：そして，それらについて適切に対処されるならば。

学製品製造，製紙工業，機械工場，物品製造，鋳物工場などの産業分野において，道具や機械を用いて就業している一人の人間（通常は男性）だけが対象であった．

現代の視点から見れば，これらはいずれも，作業プロセスは比較的独立しており，垂直方向にも水平方向にも結合（カップリング）は限られているという意味で複雑さの少ない業務である．傷害は主としてシャープエンドの作業者に生じており，今日のように広がりを持った結果をもたらすものではなかった．実際，事故のピラミッドを石油化学，輸送，航空など，今日の産業に適用しようとした際には，想定されている仮説は，とりわけ結果の分類においては，もはや成り立っていない．1990年代における重大事故は1926年における重大事故とは大きく異なっている．いずれの場合についても望ましくない結果をカテゴリー分類してその生起数を計数することはできようが，カテゴリーが同じではないため，それらの間の比率には意味がない．

生じたこととその結果とを厳密に区別するのは容易ではないように思われる．とくに結果が小規模であればあるほど，この問題が大きくなる．事故の場合には，傷害や結果は明らかに無視することはできず，そこに注意の焦点が当てられる．しかしニアミスの場合には，まさにその定義（もし時宜を得た回復操作がなされなければ事故が起こりえた状況）が意味しているように，実際にもたらされる結果というものは存在せず，観測され評価される対象は存在しない．このような場合には，名称は活動（行動）そのものを指すことになる．

図式表現の誘惑性

カテゴリーを定義し，そのカテゴリーに結果を割り当てる問題は別としても，2つのカテゴリー（に属する事象）の比率あるいは生起数の比は，それらの間に体系的な関係性があるとき（カテゴリーが互いに意味がある関係を持つとき）のみ，意味がある．この関係性が存在するためには，これらのカテゴリーは，なぜさまざまな種類の結果が起こるのか，とりわけ事故はどのように起こるのかという理論と関係付けられていなければならない．その理論が存在しない状況では，たとえば事故数対インシデント数のような比率を，意味ある

指標として利用して，インシデントの数を減らせば事故の数も減らすことができるなどと「推論」することには，合理性は存在しない。

　ハインリッヒは1929年の論文では，事故と傷害，すなわち原因と結果は区別されるべきであると注意深く指摘している。

> 「重大事故や小規模事故」という表現は誤解を招くものである。言葉の意味として，重大事故というようなものは存在しない。もちろん重大な傷害と小規模な傷害というものは存在するし，重大事故とは重大な傷害をもたらしたものだと言うことはできよう。しかし事故と傷害とは区別すべき出来事である。一方は他方の結果である，そして「重大事故」という表現を使い続け，その表現を重大な結果をもたらすものという意味で受け入れると，効果的な仕事をする上で障害が生じることは明白である。実際問題として，「事故」と「傷害」という用語を一緒にすると，事故は重大な傷害をもたらさない限り重大ではないと仮定していることになる。そうではない。何千という事故は重大な傷害をもたらす潜在力を持つが，そのような結果をもたらしていないだけなのである。

　ハインリッヒの警告にもかかわらず，事故のピラミッドは今日，異なる結果のカテゴリーではなく，異なった事象のカテゴリーを示すかのように利用されている。このように議論の焦点が違っていることの一つの理由として，今日ではシステムには多数の防護層が組み込まれていて，より多くの事象が最終的な結果に至る前に抑止または捕捉されることが挙げられる。このため，結果に着目するよりも，事象に着目するほうが合理的なのである。

　この議論を脇に置き，カテゴリーを額面どおり受け入れて意味があると考えたとしよう。その場合にも，事故のピラミッドは事象や結果のカテゴリー間の異なった関係を表すものとして解釈されうる。以下では3つの基本的に異なった解釈を示そう。もちろん，より多くの解釈も可能である。

　一つの解釈は，結果が原因や要因の蓄積された効果を表すということである（図4.5を参照のこと）。ここでの基本的な考え方は，原因と結果の間には比例的関係があること，そのため小さな原因 ——一つの物事がうまくいかないこと— は単純な結果に，大きな原因または原因の蓄積は重大な結果に対応するということである。（この解釈は，最初の原因が抑止できれば最後の結果も抑止できることになるという意味でドミノモデルと整合している。）

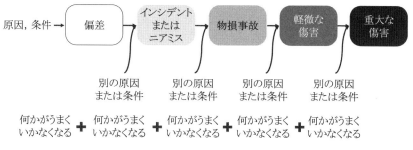

図 4.5 蓄積効果としての傷害事故分類

　もう一つの解釈は，重大な結果は防止手段（バリア，防護手段）などの失敗によるという見方である．この解釈の立場からは，図 4.6 に示すように，結果の深刻さは失敗したバリアの数に依存している．この解釈では，異なった結果事象が共通の出発点となる事象を持っている．この出発点となる事象としては，何らかの有害な影響を持つ事象，ある装置の誤動作，いわゆるヒューマンエラーなどがあり，それがシステムの内部を伝播して途中で抑止されるか，あるいは最終結果まで行き着いてしまうと考えられる．それゆえ，事故が起こるのは，伝播による事象の進展が，バリアが期待どおりに作動しないなどの理由によって，抑止されない場合においてである．（ついでながら，この解釈は，システムのなかに潜在的条件が存在しないならば最終結果は抑止できるという，スイスチーズモデルと整合している．）

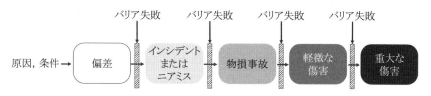

図 4.6 バリアの複合的失敗の結果としての傷害事故のカテゴリー

　3 番目の解釈は，異なったタイプの結果は異なった原因によるものであり，それらは互いに独立しているというものである．図 4.7 を参照されたい．この

解釈は，ある原因（単独のもの，または組み合わせ事象）が，「悪い結果の起こらない」状況（若干の偏差）から重大な傷害事故までの任意の中間的事象を起こしうるということを意味している。どんな事象が起こるのかは，「モデル」には記述されていない別の何かに依存する。もしこの解釈が成り立つのであれば，事故のピラミッドの合理的正当性は失われることに注意したい。この解釈でも，異なった結果が異なった頻度で起こることは受け入れられる。しかし，その基盤になる「メカニズム」は何も示されていない。個々の事象や結果は別々にモデル化され，分析されねばならない。

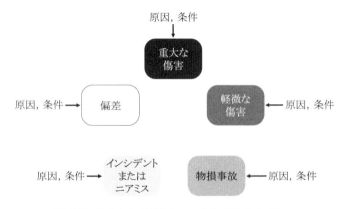

図4.7　独立した結果としての傷害事故カテゴリー

　事故のピラミッドは，ハインリッヒによるあいまいな形式のもの（図4.4.B）でさえも，特定の因果関係またはモデルを意味するように解釈されてきたが，そのような目的のものでは決してなかった。事故のピラミッドは重要な論点（intricate issue）について簡潔な表現を与えるので，利用したくなるものである。しかし，ピラミッド表現についての広く用いられている解釈は，ハインリッヒが注意深く避けようとしたことを意味してしまっている。ピラミッドは垂直方向の関係，すなわちさまざまなレベルで表現されたカテゴリー間の因果関係を意味するが，遠近画法はそのような意味を示していない[*5]。

[*5] 訳注：ハインリッヒはそのような因果関係を示す意図を有していないということ。

インシデントやニアミスが重大事故につながる可能性を持つので，安全マネジメントはそれら（インシデントやニアミス）に注目すべきだという見方は，図式表現やハインリッヒが実際に行ったことの行き過ぎた解釈である．彼が1931年の著書で実際の事故の分析に基づいて述べた論考は，下に示すように結果についての差違だけに関するものである．

> 330件の事故はすべて同じ原因によるものである．1件の重大事故は1番目の事故，最後の事故，またはそれらのどの段階でも起こりうるのであるから，対応策はすべての事故を対象とすべきことは明らかである．

図式表現が誤解されてしまう可能性は，単純に別の表示方式を採用することで減らすことができる．図4.8の円グラフは図4.3と同じ比率を示しているが，3つのカテゴリー間の関係を意味づけされる可能性は少なくなっている．

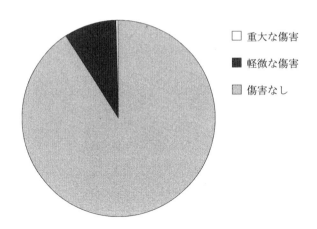

図4.8　事故のピラミッドの円グラフ表現

最後に，異なるカテゴリーを併記することによる危険性を示すために，次の事実を考えてみよう．デンマークでは2012年に1～2頭の狼，5頭のバイソン，100,000頭の馬がいた．このことから比率としては1：5：100,000が得られる．しかし，この比率は意味があるものだろうか？　そしてバイソンの数を減らせば狼の数も減るのだろうか？

4.3 90％の解決（ヒューマンエラー）

事故の圧倒的多数が「ヒューマンエラー」によるものであるという理解が広い範囲で受け入れられている。この実態は，「すべての自動車事故のうち，90％以上において"運転者のエラー"が主要な要因であることが広く認識されている」「不幸にしてヒューマンエラーはほとんどすべての事故の主因である」「ヒューマンエラーが保守システムの動作特性を決める主要な原因であることは多くの文献が示すとおりである」などといった表現に明らかに示されている。（ウェブを見れば同様な記述は何千件も見いだすことができるだろう。）「ヒューマンエラー」について記された書籍や論文の数は目を通すことができないほど多く，かつ苦痛を感じさせるほどに同様な内容が繰り返されている。広い範囲で受け入れられている真理が実はまったく真理ではなく，よく解釈しても重大な過剰単純化であり，悪く言えば重大な偽神話である。こうしたことを論じているものは，ほとんどない状況である。

しかし，「ヒューマンエラー」が大多数の事故の原因であるという神話が衰える気配は，ほとんどない。事故の原因候補として「ヒューマンエラー」を挙げることは古くからあった。実際，産業事故を説明する理論の最古のものとして，その候補に挙げられるのが，1919年に提示された事故の起こりやすさについての単一要因モデルである。この事故の起こりやすさモデルは，人間が信頼できないことを指摘はしたが，事故が実際どのように起こるかについては明示的に述べていない。つまり，この見方は正式のモデルではなく，漠然とした仮説である（そのような状態であった理由は，1910年代においては事故の正式なモデルのニーズは大きくなかったことである）。

「ヒューマンエラー」について，しっかり着目した初めての事故モデルはドミノモデルである。ハインリッヒはこれについて次のように述べている。

> 1920年代の中頃に，以下の章で定義し説明するような「ドミノ系列」によって表現される一連の理論が開発された。これらの理論は，以下のことを示している。(1) 産業傷害は事故によってのみ発生している。(2) 事故が起こるのは，(a) 人間の不安全行動または (b) 不安全な機械的条件に直面させられることによる。(3) 不安全行動や不安全条件は人間の過ちによってのみ生じる。そして (4) 人間の過ちは環境によってつくり出されるか，もしくは生まれつきの性質として生

じる。

1931年に刊行された *Industrial Accident Prevention* の初版では，傷害事故 50,000 件と傷害には至らなかった 500,000 件の事故の原因は，「ヒューマンエラー」：90％，機械的ハザード：10％ と集計されている。（「ヒューマンエラー」が含むカテゴリーは以下のとおりである。誤った指示，不注意，不安全な作業，規律の不足，被雇用者の能力不足，身体的不適合，精神的不適合。）言い換えれば，ヒューマンエラーで事故の 90％ が解決されるのである。

「ヒューマンエラー」の概念は，ハインリッヒが「改善された装置や方法が導入されるにつれて純粋に機械的もしくは物理的な原因による事故は減少し，人間の失敗が傷害の支配的原因となった」と記したときから，安全に関する伝承（lore）の一部になった。この仮定が有名なドミノモデルの 5 つのドミノのうち，「人間の失敗」と記された 2 番目のものにつながっている。このことは，「ヒューマンエラー」を個人の特性や人格的特徴として扱う哲学や心理学の伝統的考え方ともよく一致している。そのような見方の新しい実例には，運転者は主観的に知覚されるリスクのレベルをゼロレベルに保とうとしているという，運転におけるゼロリスク仮説がある[*6]。

「ヒューマンエラー」を事故の説明に使うことの無意味さは，次の考察によって論証できよう。図 4.9 を参照されたい。安全なシステムとは，失敗の確率がたとえば 10^{-5} のように低いシステムであるとしよう。このときには，受容できない挙動 1 事例について，受容できる挙動が少なくとも 99,999 事例存在する。言い換えれば事故はきわめて稀なこととなる。しかし，いわゆる「ヒューマンエラー」がうまくいかなかった事象の原因であるとしたら，うまくいった他のすべての事象の原因は何なのだろうか？

合理的な答えは人間たちでしかありえない。人間たちが，自分たちの行動が確実に望ましい結果をもたらすよう努めている。ここで，彼らは行動の結果が

[*6] 訳注：主観的にはリスクをゼロレベルに保っていると認識しているが，客観的にはそうではないため，事故が起こるというモデル。参考文献：Näätänen, R. and Summala, H., 1974, A model for the role of motivational factors in drivers' decision-making, *Accident Analysis and Prevention*, 6, 243-261.；Summala, H., 1988, Risk control is not risk adjustment: The zero-risk theory of driver behaviour and its implications, *Ergonomics*, 31, 491-506.

何かが100,000回に1回（確率10^{-5}）うまくいかなかったとき，人間はそのような事象の80〜90%について責任があると想定される。

何かが100,000回に99,999回うまくいったとき，人間はその80〜90%について責任があるのだろうか？

誰または何が，残りの10〜20%について責任があるのだろうか？

このような場合，失敗の調査が重要である。

誰または何が，残りの10〜20%について責任があるのだろうか？

このような場合，成功の調査が行われることはほとんどない。

図4.9 「ヒューマンエラー」のジレンマ

ポジティブになるかネガティブになるかを行動する段階では知ることはできないが，同じように行動している。それゆえに，望ましくない結果を説明するために「ヒューマンエラー」という表現を使うべきではない。その表現はアドホックな「メンタルメカニズム」を要請するからである。より生産的な見方は，なぜ行動が変動するのかを理解し，通常は正しい結果を与える行動が，なぜ時には正しくない結果をもたらすのかを見定めることである。

「ヒューマンエラー」と都合よく言ってしまうことの実際的な根拠は，人間は日常的に何らかの意味で誤ったことをして，その結果として望ましくない結果が得られることにある。「誤りの程度」は主観的で行動した当人だけが気づくこともあれば，間主観的で他者に気づかれることもある。我々は誰でも，日に数回は意図していないことをしてしまったり，意図していることをしなかったりする。これらの多くは，タイプミスとかスーパーマーケットでの買い物を忘れるなどといった，取るに足らないことであるが，時にはこの間違いが自分の行っていることについての重大な影響や，他人への影響をもたらすこともある。

日常的行為における「スリップやラプス」は，経験の不足，作業環境のもたらす混乱，矛盾する要求，情報不足などに関連した説明がなされる。幸いなことに多くの場合，人々は手遅れにならないうちに起こったことに気がついて，失敗から復旧し，深刻な結果を回避することができる。「ヒューマンエラー」という用語の使いやすさは，何かが誤った形でなされる道筋の記述にかかわるものであるから，「ヒューマンエラー」や「行為としての過誤」の出現した形をどのように記述するのが最もよいのかが論点となる。

　そのような失敗群を一貫性を持って記述できるための実用的な用語が必要なことは明白である。ただし「ヒューマンエラー」という用語は，それが一切合切を含むカテゴリーであり，しかも行動と原因を混同しているため，使うには適切でない。実際に必要とされるのは，「ヒューマンエラー」理論やそれに類似したものではなく，出現した形の一貫性のある分類である。幸いにして，そのような分類を手に入れることは難しくはない。

　最もよく知られた実例は，伝統的な HAZOP（Hazard and Operability）技法である。この手法は 1960 年代初期から工学的な分野で装置故障のあらゆる影響を分析する方法として実用に供されている。HAZOP の基盤は，分析者がある機能が失敗するためのあらゆる道筋を明らかにすることを支援する見出し語の集合である。この見出し語はすべての重要な機能について並列的に適用され，分析者がそのような組み合わせが起こりうるかどうかを考察することを促す。

　使われる見出し語は，「ない」「より少ない」「より多い」「と同様」「〜ではなく」「逆の」「一部が」などである。たとえば着目する機能が弁の開放であるならば，HAZOP の手順によれば，「開かない」「開度が小さい」「開度が大きい」などが起こるかどうか検討することになる。

　事故の説明に「ヒューマンエラー」を用いることによる望ましくない副作用は，「ヒューマンエラー」が事故分析の最も深いレベルの原因あるいは「根本原因」になることである。事故調査は，プロセスそのものは誤りを起こさず，オペレーターが何か悪さをしない限り正しい動作を続けると仮定しているように思えることがしばしばある。その場合，「ヒューマンエラー」が見いだされたならば分析を終わりにすることが「自然なこと」となる。チャールス・ペロー

は 1984 年に，このことを以下のように上品に表現している．

> 公式的な事故調査は，オペレーターがエラーを起こしたに違いないという仮定の下に着手される．そして，この原因付けが可能であれば，真剣な問いかけは終わりになる．設計の誤りが原因であるという知見は，長期にわたる停止と改造工事コストを引き起こす．経営者に責任があるという知見は重い立場にある人々を脅かす．これに対してオペレーターに責任があるという知見はシステムの現状を守り，真実を曇らせるような訓練改善に関する指令をもたらすだけである．

ストックホルムからの最終列車

2013 年 1 月 15 日（火曜日）になって少し経っただけの時間帯に，ストックホルムと Nacka 市の Saltsjöbaden を結ぶ 18.5 km の長さで電化された郊外鉄道で，とても変わった列車事故が生じた．その日の最終列車は午前 01：45 に Neglinge の駅に到着した．列車に乗車していたのは，列車を最終目的地まで運行する責任を持った運転士（shunter と呼ばれる）1 名と，女性の清掃担当者である．

次に起こったことでわかっていることは，列車が 02：23，女性清掃員が乗車したまま駅を出発して，Saltsjöbaden まで 2.2 km 走行したことである．これがその路線の最終駅であり線路はそこで終わっていた．のちの調査では，列車は最後の 1.5 km をおよそ 80 km/h という高速で走行していたことが判明した．列車は 02：30 ごろに最終駅に近づいた際に減速せず，バッファーストップ（buffer stop）と呼ばれる車止めを突破して，50 m ほど離れた位置にあるアパートの建物に衝突した．列車の車両の一つは宙吊り状態になっていた．

建物の 1 階はひどく損壊したが，奇跡的にも建物のなかで負傷した人はいなかった．建物の入居者は全員退避した．22 歳の女性清掃員は運転室のすぐ後ろで，両足負傷，骨盤損傷，肋骨 7 本骨折，片方の肺が破裂し，片方の耳が半分引きちぎれた状態で発見された．彼女を車両の残骸から救出するのには 2 時間以上を要した．その後，彼女はヘリコプターでストックホルムのカロリンスカ大学病院に搬送された．彼女は手当てを受け，3 日間にわたって鎮静剤を与えられた状態にあった．

これは決して起きてはならない事故であった（当該鉄道会社の CEO が明言したとおりである）。しかしながら，列車が動いてはならないときに動き出したことは否定しようのない事実であった。列車が動くことは考えられなかったこと，そして女性清掃員が列車内で発見されたことから，彼女が何らかの理由によって列車を動かして，その後，制御困難な状態になったという見方が「明白な」結論となった。言い換えれば，原因は「ヒューマンエラー」であり，何らかの規程違反の可能性もあった。（事故直後の混乱状態のなか，彼女がまだ意識のない状態で入院している段階で，彼女は列車を盗もうとしたと非難された。盗んで何をしようとしたのか，とまどう声もあったが。その非難はまもなく深い謝罪とともに撤回されたが，この出来事は一般的な固定観念を示すものである。）

2013 年の 4 月に女性清掃員は所属する組合の週刊刊行物のなかで，何が起こったかについての説明を述べた。彼女の仕事は一日の終わりに列車を清掃することだった。普通はこの仕事は同僚と 2 人で行うものであったが，その夜は同僚は病欠していた。そのため彼女は忙しく働かねばならず，運転士と話す時間がなかった。清掃作業をしているときに彼女は列車が動いていることに気がついた。だが列車が停車場のなかで動くことは，とくに異常なことではなかった。

しかし突然，彼女は列車があまりに速く走行していることに気がついた。彼女は，列車を停止させるために（運転室のなかにある）キーを回そうとしたこと，しかしそれは不可能であったことをおぼろげながら記憶していた。状況が極めて深刻である ─制御不能な列車が夜間に高速で驀進している─ ということに気がついたとき，彼女は座ってうずくまることのできる場所を見つけた。数秒後には列車は Saltsjöbaden の住居用建物に衝突し，その 3 日後に彼女は病院で意識を取り戻したのである。

この説明は，なぜ彼女が衝突後に列車の最前部で発見されたのかを完璧に明らかにしている。実際に，列車を止めようとすることは自然な反応と考えられるべきであろう。しかし，この説明はなぜ列車が動き出したのかという問いには答えていない。本章を執筆している段階では事故調査は終了していないが，多くの可能性が新聞に現れ始めている。スイッチが誤った状態に設定してお

り，列車はいつでも走行できる状態にあったことはわかっている。

　また，いわゆるデッドマンスイッチ[*7]はブレーキが夜間に凍結することを避けるために切り離されていたとの証拠も示されている。車両が動き始めた厳密な意味での原因が何かはわかっていないが，5つの異なった調査委員会が調査を進めている。ストックホルムカウンティ委員会の公共交通コミッショナーは前倒しに「安全手順」の調査を命令した。だが，変えるものが増えても，それらは結局変わらないことになる。

90％の解決の問題点

　「ヒューマンエラー」をうまくいかなかった物事の主な原因と見なすことにはいくつかの問題点がある。第1に，方法論的にみれば，一つの原因がすべての事故の90％を説明できるとする見方には懐疑的にならざるをえない。もしそれが（実際には本当ではないのだが）本当だとすれば，少なくとも社会技術システムの設計や運用のやり方に根本的な誤りがあるといえよう。90％の原因がヒューマンエラーだという見方が何十年も採用されてきたということは理由にならない。第2の問題点は，「ヒューマンエラー」とは何を実際に意味するのかという点での，合意がないことである。合意がないことの原因は，定義の範囲が異なることや，論議の出発点が異なることに起因している。

　技術者にとっては，人間はシステムの構成要素であり，成功や失敗は機器の場合と同じように記述される。心理学者にとっては，人間の行動は本質的に目的を持っており，主観的な目標と意図に照らし合わせて初めて理解できる。社会学者によれば「ヒューマンエラー」はマネジメントスタイルや組織の構造のように，しばしば媒介変数と見なされる特徴に関連づけられる。

　第3の問題点は，「ヒューマンエラー」は2つ以上の意味を有するので，意味のある術語ではないことである。「ヒューマンエラー」は何かの原因，事象

[*7] 訳注：操作する人が操作器に力を加えている間だけ，そのシステムまたは回路を作動状態に保ち，力を除けば作動が停止する機能のスイッチをいう。電車においては，運転手が気を失ったりして操作盤（ハンドルなど）から手を放したら，自動的にブレーキをかける方式がこれに当たる。

そのもの（行動），または行動の結果のいずれの意味でも用いられ，その結果，はっきりした意味を持たないことになる。

　最近認識されてきた90％の解決についての最大の懸念は，人々を責めるのは無益なことだし，非生産的だということである（前項のチャールス・ペローの文章の引用例を参照されたい）。無益であるという理由は，「手順書を改良せよ」とか「指示された内容から逸脱するな」などの標準的な勧告はほとんど有効性が認められないからである。非生産的であるという理由は，人々を叱責することは事故調査においても一般的な意味でも，彼らの協力しようとする意欲を減退させるからである。エラー予防を妨げる最大の要因は，人々が誤りを起こした際には処罰されるということにあると，複数人の安全エキスパートが指摘している。

　このジレンマは次のように説明できよう。Safety-I は望ましくない結果が調査されて効果的に抑止されることを要求する。そこでは適切なアクションを採るために，事故やインシデントから学ぶことのニーズが存在する。さらに，大多数の場合には，人間が決定的な役割を担っていると仮定されているため，人間は本質的に重要な情報源となる。このパラダイムのもとでは，人々が何をしたのか，何を考えたのか，何に注意を払ったのか，どのように意思決定をしたのかなどを知ることが必要である。これらについての記録や観察はほとんど存在していないため，調査者は人間がこれらの情報を提供しようと考える意欲に頼らざるをえないことになる。人々が自分の行ったことに対して，告発されたり責任を追及されたりすることを恐れる限り，適切な調査は実施できないことになる。

　自分の考え方がつくり出したこの問題に対する一つの回答として，組織は公正な文化（just culture）[*8] を大切にしなければならないという提案がなされており，航空や医療の分野はこの面での先行者である。公正な文化は次のように説明される。「人々が安全に関係した重要な情報を提供することで勇気づけられ，賞賛される ―ただし，その場合に受容できる行動と受容できない行動を区別する線はどこに引かれるかも，人々ははっきり知っている― 信頼の雰囲

[*8] 訳注：正義の文化という訳語が用いられることもある。

気である」。このことはデリケートなバランスを必要とする。一方では人々が行ったことについて，それが彼らの受けた訓練や経験に対応したものである限り，叱責や処罰を受けないということは重要であるが，他方で，まぎれもない怠慢や意図的な違反，明らかな破壊的活動などを許容してはならないことも同様に重要だからである。以上のように 90％ の解決は多くの問題点をつくり出すが，それらはこの考え方が放棄されるのならば消滅するであろう。

4.4　根本原因 —最終的な答え

　因果律についての信条とドミノモデルを組み合わせたときの自然な結果として，基本的な，あるいは第 1 番目の原因が存在し，それはシステマティックな原因探索をそれ以上進まないところまで続ければ見いだすことができるという仮定が生まれる。この原因は，定義は異なるのだが，しばしば根本原因（root cause）と呼ばれる。ドミノモデルでは，根本原因は「望ましくない特性」をもたらす「先祖（ancestry）と社会的環境」である。これは 5 番目のドミノであるため，それ以上探索を続けることは不可能である。他のアプローチも，とりわけ抽象的階層（abstraction hierarchy）[*9] に基づくやり方を用いる場合に同じような制約を受ける。根本原因を見いだそうとするこのタイプの分析方法（実際には方法の集まり）は，自然なことだが根本原因分析（Root Cause Analysis：RCA）と呼ばれる。

　根本原因分析の目的は，何が起こったのか，なぜそれが起こったのか，そしてその事象の再発を防ぐためには何をなすべきかを，合理的に十分といえるまで見いだすことである。このことができるために，この方法ではいくつもの明示的な仮定がなされている。仮定の第 1 は，個々の失敗は 1 つまたはそれ以上の根本原因を有しており，ランダム変動は排除される（barring random fluctuations），第 2 は，当該の根本原因が除去されたならば，失敗は生じえない，第 3 は，システムは基本的な構成要素に分解することによって分析することができる，そして第 4 は，システムのダイナミックな挙動は，システムを分

　　[*9] 訳注：J. Rasmussen が提唱した対象認識のモデルである。

解して得られた構成要素のダイナミクスのレベルで説明することができるということである。

打ち砕かれた夢

　根本原因の探求は成功することもしばしばある。まぎれもない成功例は2003年8月14日にニューヨークで起こった大停電（ブラックアウト）についてである。この大停電はオハイオ州にあるシステムモニター用の装置が不正確なデータ入力によって動作を停止したことにより起こったものである。この事例の場合，根本原因分析がうまくいったのは，送電網は明確に定義できる構造を有し，それゆえ現象を原因までさかのぼって追跡することができたからである。しかし別の場合には，次の事例が示すように，原因分析は困難になる。

　2006年5月，ボーイング社は新しい「ゲームチェンジ（game change）[*10]」航空機である787ドリームライナーについて公表した。ドリームライナーの新しい技術的特徴の一つは，エアフレームを構成する基本材料としてコンポジット材を採用したことであり，もう一つは在来型の油圧系を電気的なコンプレッサーとポンプに置き換えて，空気圧および油圧システムをいくつかのサブシステムから完全に除いたことである。ドリームライナーは当初，2008年に就航する予定となっていた。しかし，この航空機の製造は，はじめに考えられていたよりはるかに複雑であったため，引き渡し段階で多くの深刻な遅れが生じた。

　787計画の全体責任者はある段階で，航空機開発計画というものはすべからく，想定されなかった問題やトラブルの「発見の旅」であると語った。2007年10月，ボーイング社は引き渡し予定日を当初の計画から2008年の11月末か12月初めまで延期すると発表した。その原因はグローバルに広がったサプライチェーンにかかわるものと，フライトコントロール用ソフトウエアに関する予見されなかった諸問題とされた。2008年12月には，最初の引き渡しが2010年の第1四半期まで遅れることが公表されたが，その後，2011年まで遅

---

*10 訳注：パラダイムシフトをもたらし，行動や生活様式，社会制度を根底から変えてしまう技術的変革というような意味。

れると修正された．最初のドリームライナーは 2011 年 9 月 25 日に全日空に引き渡されたが，これは元々の日程からは 3 年近くの遅れである．

　2012 年の末までに，49 機がいろいろな会社に引き渡され，運用に供された．2012 年 12 月から 2013 年 1 月の間に，多数の航空機がバッテリーの破損または発火のトラブルを経験した．1 月 7 日，ボストンのローガン国際空港において日本航空の 787 で電池の過熱が起こり，発火が生じた．1 月 16 日，日本では全日空の 787 が，電池が発煙しだしたため，緊急着陸をする結果となった．同日，日本航空と全日空の両社は，緊急着陸を含む多数のインシデントが起こった事態を受けて 787 を自主的に航行停止とした．

　米国においても類似の事象が数回発生したため，連邦航空局（米国の航空監督部局）は 2013 年 1 月 16 日に緊急耐空性改善命令を発出し，米国の航空会社はすべてボーイング 787 の飛行を差し止めることとなった．世界（ヨーロッパ，アフリカ，インド，日本）の航空規制当局もそれに続き，世界中すべての 787 が飛行を禁止された．

　Safety-I の伝統に従って，「火を噴く電池」の原因を探求する集中的な活動が，ボーイング社でも航空会社でも始められた．当初，この活動は比較的単純に進むと考えられていた．問題は純粋に技術的なものに違いないと考えられていたからである．問題とされた 2 つのリチウム電池は実際には飛行中には使われておらず，機体が着陸していてエンジンが停止しているときに，ブレーキや照明に電力を供給していた．その動作には人間の操作や介入は不要で，技術的に完全に自動化されていた．

　もちろん，人間は電池の設計，製作，実装，保守などの活動には関与しており，このことは可能性のある原因として考慮された．しかし，この問題は本質的には技術的なものであり，それゆえ事象は徹底的に分析できて明確な原因（または原因の集合）が見つかるだろうと仮定することは妥当と考えられていた．この分析が失敗した理由は，努力の不足とはいえない．ボーイング社によれば，500 人を超える技術者が外部のエキスパートと共同して，なぜ電池が過熱したのかを明らかにしようと働き，分析，エンジニアリング業務，試験などに 200,000 時間を費やしていた．にもかかわらず 2013 年 3 月のインタビューでドリームライナーの主任技術者は，なぜ電池の異常動作が起こったのかを明

らかにすることはできない可能性があると認めた。

　787計画の全体責任者は，単一の根本原因が見つからないことは稀なことではなく（発言のまま！），産業における最良の実践とは，考えられる原因の一つ一つを調べることであり，それがボーイング社がしようとしたことだと付け加えた。根本原因よ安らかに[*11]。

　Safety-Iの求めることは，特定の原因が見つけられ，何か措置がなされることであるから，根本原因またはその集合を見つけられないことは重大なつまづきである。（それに加え，問題はボーイング社にとっても航空会社にとっても，財務的にも深刻である。）「受け入れられないリスク」がないことは，リスクとハザードを除去することで実現されうる。それができない場合の次善の対策は，問題事象がもし起こった場合には影響が抑制されるようにバリアを追加することである。これがドリームライナーでなされたことであった。

　具体的には，以前のものに比べて負荷が少なく，温度の低い状態で稼働する改良された電池が導入された。新しい設計では，電池はステンレスの箱に収納され，その換気配管は直接に外気につなげられた。ボーイング社によれば，これからは電池故障という「希な事象」は「100％閉じ込められ」，発煙があっても煙はただちに機外へ排出されることになる。（付け加えて言えば，ボーイング社は当初，電池故障インシデントの発生確率は1,000万飛行時間あたり1回と推定していた。実際には，その種のインシデントは最初の52,000飛行時間の間に2回起こっている。問題が同じ割合で起こるとするならば，1,000万飛行時間については384回の故障が起こることになる。）本章を執筆している時点では，787は米国および日本で再び運航する許可を得ている。2013年7月12日には，ヒースロー空港で駐機中のドリームライナーで火災が発生し，恐怖を引き起こした。英国航空事故調査局の初期調査によれば，この火災は787ドリームライナーの機体後部の上部で生じており，そこには緊急時位置伝送装置（Emergency Locator Transmitter：ELT）が収納されているので，リチウム電池問題とは無関係である。

[*11] 訳注：もちろん著者の皮肉である。

根本原因分析の問題点

　根本原因分析は単純ながら明確な回答を与えるため，魅力的である。この手法はフリードリヒ・ニーチェが「苦痛に満ちた環境を取り除きたいという根本的な本能」と呼ぶものを満足させてくれる。それゆえ，この種の手法が医療分野など，多くの産業分野で利用されるのは驚くことではない。事実，大きな事故や問題に対する1番目の対処策は，根本原因を発見するという約束であることが少なくない（ニーチェはまた「どんな説明でも，何も説明がないよりましだ」と言っている）。この習慣はとりわけ CEO，軍事指導者，国家元首などブラントエンド側において顕著に見える。彼らは後に，国民の関心が静まった時点では，何が起こったのかに関して説明できる地位にはないことも多いものでもある。

　根本原因分析やそのほかの Safety-I で利用される手法の大きな問題点は，決定的な答えを提供することによって，それ以外のあらゆる説明を除外してしまうこと，さらには「第2の物語」[*12] を探求しようとする動機付けを損なうことである。このことは，90％ の解決が，事故の原因として「ヒューマンエラー」が偏重されてしまうという意味だけに留まらない深刻な問題である。

　90％ の解決に関する神話と根本原因に関する神話が一緒に作用するため，事故調査の多くは人間が根本原因であるとの指摘を結論とすることになる。この問題は，事故調査は論理に導かれた厳密な推論であって，実践的な論点，個人的バイアス，政治的な優先度などには影響を受けないものだという一般的な仮定（より正しく言えば幻想）によって悪化する。人々がこのように仮定することを好む理由は，それによって事故調査が一般的な科学的探求と同じ立脚点を持つからである。

　「根本原因」を探求することは，実際上あらゆる科学の分野で正統とされる関心事である。宇宙論（ビッグバン），物理学（ヒッグス粒子），医学（特定の疾

[*12] 訳注：通常の事故解析で見いだされる説明はしばしば近視眼的であり，シャープエンドの責任を重視する傾向を持つ。この説明を第1の物語（first story）という。この説明にとどまることなくさらに別の可能性を探る第2の物語（second story）を探求すべく努力することが重要であることを事故調査のエキスパートは指摘している。

病 —たとえばガン— の原因），心理学（意識の性質）などはその例である。であるから安全マネジメントについても同じであってなぜいけないのだろうか？

その理由は，このような比較をするに際して我々は，社会技術システムにおいて起こる事象の説明を探求することは，ある物質を分析してその科学的組成を明らかにするよりも，ある文章を解釈する行為（hermeneutics）に類似していることを忘却している（または意識的に否定している）からである。事象の説明は論理的というより心理的なプロセスであり，唯一の解は存在しない。根本原因分析は，―少なくとも短期的には― 効率的であるかもしれないが，完璧ではありえないのである。

4.5　その他の神話

ここまで神話を4つ（因果律についての信条，事故のピラミッド，90％の答え，根本原因）示したが，もちろんこれだけではない。他の神話に興味を持った読者は，科学的論文やオンライン辞典で関係する情報を見いだせるはずである。他の神話の例を以下に示す。

- コンプライアンスについての信念：人々が手順を遵守すればシステムは安全である。
- 防御や保護策に関する信念：バリアの数と深さを増やせば安全である。
- 事故はすべて防げるという信念：すべての事故には原因があり，原因は発見し除去することができる。
- 事故調査の能力に関する信念：事故調査は，事実に基づく論理的で合理的な原因の解明である。
- 原因と結果は整合しているという信念：大規模で深刻な結果には大規模で深刻な原因がある。小規模で軽微な結果には小規模で軽微な原因がある。
- 安全文化についての信念：高いレベルの安全文化は安全のパフォーマンスを改善する。
- 「安全第一」についての信念：安全はつねに最優先であり，議論の余地

はない。

　これらの神話の正体を暴露できればよいのだが，おそらくそうはならないであろう[*13]。本章の冒頭で述べたように，我々はこれらの神話が誤りであるし，助けというよりも障害であることを知っている。やるべきことは，それらを表面化させ，アンデルセン童話の「裸の王様」に出てくる子供のように曇りのない目でそれらを見つめて，そこには実は何もないことに気づくことである。これらの神話は Safety-I の不可欠な部分であるがゆえに，言ってみれば内側[*14] からそれに気づくことは困難であろう。Safety-I の代替としてではなく，補完するものとして Safety-II の見方を採用すれば，それに気づくことは多少容易になろう。

《第 4 章についてのコメント》

　1970 年代において，人間を情報処理システムまたは機械として記述し，観察できるさまざまな行動を「メンタル」情報処理のさまざまなタイプとして説明することが盛んになされた。（テイラー主義の場合と同様，このことは 1748 年に La Mettrie が示した考えの輪廻再生と見ることもできる[*15]。）

　より成功をおさめた提案の一つは，情報処理方式をスキルベース，ルールベース，知識ベースという 3 種類に分類するものであった。このアイデアは J. ラスムッセン（J. Rasmussen）によって 1979 年に *On the Structure of Knowledge —A Morphology of Mental Models in a Man-Machine System Context*[*16] (Risø-M-2192), Denmark: Risø National Labs として報告され，まもなく「ヒューマ

[*13] 訳注：何もせぬままで。
[*14] 訳注：Safety-I 的立場の内側。
[*15] 訳注：フレデリック・テイラーは 20 世紀の初め，工場労働者の動作の詳細分析を行って，要素活動の所要時間に基づいた，いわゆる科学的管理法を提唱した。この方式は一定の評価を得たが，一方で人間を機械要素のようにみなしているとの批判もあった。1970 年代の人間を情報処理機械と見る立場は，この再来という面も有している。しかし，そのテイラーにはるかに先行して，La Mettrie も人間機械論を提唱している。思想の輪廻のようだという趣旨をこのパラグラフでは述べている。
[*16] 訳注：知識の構造について —マン・マシンシステムの文脈におけるメンタルモデルの形態論。

ンエラー」のモデルの基礎そのほかの面で広く知られることとなった。この考え方は 1980 年代，1990 年代を通じて広く用いられたが，現在では不十分と考えられている。

　この文献は本書で後述する抽象化階層（abstraction hierarchy）の初期の説明も含んでいる。この特定の抽象化階層は，物理的形式から機能的目的に至る 5 階層表現に基づくシステム記述であり，各レベルはそのすぐ下位のレベルの「抽象化」表現となっている。抽象化階層表現はしばしば事故分析手法の理論的正当化のために利用されている。

　因果律は，アリストテレス以降ずっと哲学者を引きつけてきた問題である。スコットランドの哲学者デビッド・ヒューム（1711–1776）は因果関係付け（causation）の分析と，原因や結果は（フィジカルで）観測可能であるが因果関係は（メタフィジカルで）観測不能という指摘によって知られている。この問題について後年の哲学者チャールズ・サンダース・パース（1839–1914）は次のアドバイスをしている。

> メタフィジックスは有用であるよりもはるかに興味を引くテーマであり，その知識は沈んでいる暗礁に関する知識と同様に，我々がそれに近寄らないことを可能にする。

　3 種類の事故モデル[*17] に関する説明は Hollnagel, E. (2004), *Barriers and Accident Prevention*, Aldershot: Ashgate に述べられている。第 3 章についてのコメントのなかですでに述べたように，この書籍はさまざまなバリアシステムの分析と特徴付けも示している。多くの事故モデルのなかで最もよく知られているのは 1931 年にハインリッヒによって提唱されたドミノモデルと，Reason, J. (1993), *Human Error*, Cambridge: Cambridge University Press で述べられているスイスチーズモデルである。

　THERP ツリーは人間信頼性評価において，あるタスクを実行する際のヒューマンエラー確率を計算するために使われる技法である。THERP ツリーは基本的にはイベントツリーであり，その「根」は最初の事象，「葉」は起こりうる結果である。この手法は 1983 年に刊行された Swain, A.D. and Guttmann,

---

[*17] 訳注：ドミノモデル，疫学的モデル，システミックモデル。

H.E., *Handbook of Human Reliability Analysis with Emphasis on Nuclear Power Plant Applications*[*18], NUREG/CR-1278, USNRC にあり，人間行動に関する非現実的な仮定を含んでいるものの，現在もなお広く利用されている．THERP 手法の重要な寄与としては，現在も熱心な論争のテーマである行動形成因子（performance-shaping factors）の概念が挙げられる．

事故のピラミッドは 1931 年にハインリッヒの著書に出ているが，ピラミッドとしてではなく図 4.4A のような描き方がなされている．この著書では，この図は「重大さの度合いによる事故の頻度を示すチャート」と名付けられている．フランク・バードによる研究のデータは，Bird, F.E. and Germain, G.L. (1992), *Practical Loss Control Leadership*, Loganville, GA: International Loss Control Institute に見いだすことができる．最近のピラミッドモデル批判は，おそらくはスウェーデンのカールスタットで 2000 年 6 月 15～16 日に開催された ESReDA（European Safety, Reliability & Data Association）会議で報告された論文，Hale, A., Guldenmund, F., and Bellamy, L. (2000), *Focussed Auditing of Major Hazard Management Systems* が始まりであろう．

チャールス・ペローの言葉は 1984 年に Basic Books 社から刊行された彼の独創的な著作「ノーマルアクシデント」からの引用である．「ヒューマンエラー」に関する多くの科学的・実際的論点は，Hollnagel, E. (1998), *Cognitive Reliability and Error Analysis Method*[*19], Oxford: Elsevier Science Ltd. という著作のなかで論じられている．公正な文化（just culture）の定義は，航空安全および一般の安全に関する知識の優れた情報源である skybrary（http://www.skybrary.aero）から見いだすことができる．

他のいくつかの神話についての分析例は Besnard, D., and Hollnagel, E. (2012), I want to believe: Some myths about the management of industrial safety, *Cognition, Technology & Work*, 12 に記されている．この章に関連した事例は，Manuele, F.E. (2011), Reviewing Heinrich: Dislodging two myths from the practice of safety, *Professional Safety*, October, 52–61 に示されている．

[*18] 訳注：原子力発電所への応用に力点を置いた人間信頼性解析ハンドブック．
[*19] 訳注：認知的信頼性とエラー分析法，略称 CREAM と呼ばれる人間信頼性解析法を提唱した文献として著名．

第5章

Safety-I の脱構築

5.1 安全の現象論，原因論，存在論 [*1]

　これまでに，安全の原理や日常的に見られる実践の特徴を述べると同時に，安全の歴史について，その概要を述べてきた。いよいよ，よりフォーマルに，そして体系的な Safety-I の分析を行うときである。この分析は，Safety-I の考え方の強みと弱みを説明し，それを通じて，補完的な考え方，すなわち Safety-II の基盤を提供するために必要となる。この分析は Safety-I の脱構築によって行われる。

　脱構築とは，もともとは文学批評の理論，または記号論的分析の理論を発展させる哲学の運動に対する名称である。それは，言葉は他の言葉に言及することができるのみであり，実際に存在する文章のなかには，見いだしうる意味は存在しないことを主張する。むしろ，意味は，読者が意味を探し求めるなかで，読者によって構築されるものなのである。いま，この文脈では，脱構築を，もともとの意味ではなく，安全の現象というよりも安全の意味が何であるのか，そして，その意味の基盤は何なのかということを見つけ出すことにおいての，原則に基づいたアプローチを指すものとして用いることとする。（読者は，脱構築がまた，事故分析が意味 ——ここでは原因や説明—— の探索として行われる

[*1] 訳注：原文は "Safety Is Safety Is Safety Is Safety"（安全が安全であることは安全だからであり，だから安全である）。著者によれば，この表現は Gertrude Stein という詩人が 1913 年に刊行した Sacred Emily という詩のなかにある "Rose is a rose is a rose is a rose." を変形したものだとのこと。ここでは本文内容を反映する訳語にした。

という慣行を特徴づけるために使えることに気付くであろう。）脱構築は，現象（ここでは典型的な安全実践，すなわち Safety-I の実践）からスタートし，なぜ，ある現れ方が意味を持つ（たとえば，安全管理者にとって意味を持つ）と考えられるのかに関する説明を構築していく。安全という用語あるいは概念が意味を持つと先験的に（事前に）仮定するというよりは，脱構築主義者の分析は，その意味がどこから来ているのかを確定し，必要な仮定は何なのかを明らかにしようとする。

　我々が普通考えるような安全を意味する Safety-I の脱構築は，安全の3つの異なる側面に対応した3つのステップで行われる（図 5.1 を参照）。

- 第1のステップは，安全の現象論（phenomenology）を扱う。現象論は，観測可能な安全の特徴あるいは現れ方，言い換えれば，何が我々に，何かが安全であるまたは不安全であると言わせるのかに言及する。（「現象論」という言葉はギリシャ起源であり，文字どおり何かの出現に関する学問を意味する。）つまり，第1のステップは，安全の表現型（phenotype），すなわち我々が安全と関連付ける観測可能な特徴や特定の傾向を考えているということもできる。

- 第2のステップは，安全の原因論（aetiology）を扱う。原因論は，なぜ物事が起こったのかという因果関係に関する学問，あるいは起こった物事の背後にある理由や原因に関する学問である。薬学においては，原因論は病気の原因に関する学問である。安全に関しては，それは観測可能な現象の（推定された）理由あるいは原因に関する学問である。原因論は，観測可能な現象，すなわち Safety-I の焦点となる不都合なアウトカム（adverse outcomes）を生じさせるメカニズムについて述べる。つまり，第2のステップは，安全の因子型（genotype），すなわち現れ方あるいは表現型（phenotype）を説明するものを考えているということもできる。第4章で述べた根本原因分析はその好例である。

- 第3のステップは安全の存在論（ontology）を扱う。存在論は，それは何か（that 'which is'）——いまこの文脈では，安全の真の性質や本質的な特徴のことであろう——を研究する。存在論は，安全がどのように現

れるのか（現象論）や，それらの兆候がどのようなメカニズムで起こるのか（原因論）というよりも，安全とは何かに関する学問である。それは，安全がある様式で顕在化する理由を，我々がどのように理解できるか，あるいは理解すべきかに関する問いでもある。つまり，ある意味では，我々が持っている安全というものに関する理解についての非常に根本的な問いである。要するに，存在論は本当に起こっていることに関するものである。

図5.1　安全の脱構築

「脱構築」は，単に何か —ここではシステム— を構成要因や部分にばらすことを意味する「分解」と混同されるべきではない。分解は科学で最も一般的なアプローチであり，構成要因や部分の特徴を参照することによって，つまり何かをよりシンプルな何かに還元することによって，何かを説明するために用いられる。素粒子の研究はその最も良い例である。分解は，要素還元主義 —システムはその部分の和以上の何ものでもなく，それゆえシステムの説明は個々の構成要因とそれらの相互作用の説明に還元できると考える— と非常によく

似ている．要素還元主義の原理は，もの，現象，説明，理論，そして意味に適用可能である．たとえば，我々は遺伝子を見ることによって病気を説明したり，神経プロセスあるいは脳内のプロセスを参照することによって意識（あるいは生命）を説明したりしがちである．要素還元主義はまた，結果的現象と創発的現象の議論においても役割を果たす（第7章参照）．

5.2　Safety-I の現象論

Safety-I において，安全は，不都合なアウトカム（事故，インシデント，ニアミス）の数が可能な限り低い状態として定義される．この定義から，当然，Safety-I の現象論は不都合なアウトカムの発生であるということになる．不都合なアウトカムは不都合な出来事（失敗や故障）の結果であると仮定されるので，現象論は，単体のアウトカムから物事が悪くなる状態や状況 —すなわち出来事それ自体— を含むように拡張される．たとえば，英国の国民保健サービス（UK National Health Service）はインシデントを「国民保健サービスのケアを受ける1人もしくはそれ以上の患者が傷害を受ける可能性があったか，もしくは傷害へとつながった，あらゆる意図しない，あるいは予期しない出来事」として定義している．言い換えれば，傷害の可能性があることであり，必ずしも何らかの実際の不都合なアウトカムが生じていることは必要ではない．

Safety-I の現れ方は，安全ピラミッドの異なるレベルによって，あるいは先述の European Technology Platform on Industrial Safety（ETPIS）のような特定の安全プログラムによって提案されたリストで説明されるような，事故，インシデント，ニアミスである．我々はそれゆえ，もしそのような出来事が起きたら，とくにもし事故が起きたら，システムは不安全であると言う．逆に，そのような出来事が起きなければ，安全であると言う．先に議論した，カール・ワイクによる安全の定義，すなわち動的非事象としての安全の定義を思い出してほしい．

この定義の逆説的な帰結は，安全のレベルと不都合なアウトカムの数が逆比例することである．もし多くの物事が悪くなったら，安全のレベルが低いと言われる．一方，もし悪くなる物事がほとんどなかったら，安全のレベルは高い

と言われる。言い換えれば，より多くの現れがあればあるほど安全は低くなり，逆もまた同様である。完璧な安全は，不都合なアウトカムがないことを意味し，それゆえ何も測定できなくなる。これは不幸にも，安全を改善する努力の効果を示すことを不可能にする。同じ問題は，安定的なレベルの安全 ―すなわち不都合なアウトカムの数が一定になった状態― にも存在する。この場合もまた，介入あるいは努力による効果を示すことが不可能である。これらのいずれのケースにおいても，安全のために投入するリソースを要求することは困難になる。

Safety-I は，（許容不可能な）リスクが存在しないことと定義されるので，現象論はまさにこの「存在しないこと」，すなわち何も起きていないという事実である。しかしながら，つい先ほど議論したように，現実には Safety-I はその逆，すなわち安全の欠如の点から定義されている。これは，何かが発生したときにシステムが不安全であると言えることを意味している。我々はまた，それが厳密に言えば論理的に妥当ではないにもかかわらず，何も起きないときにシステムが安全 ―というよりもむしろ不安全でない― と信じる傾向がある。この「逆の」定義は，興味深い実用上の疑問を生み出す。すなわち，どのようにして悪くなった物事の減少を数え，安全の向上を計測するかということである。

5.3　Safety-I の原因論

Safety-I の現象論は，悪くなった物事や悪くなる可能性のある物事，すなわち不都合な出来事と同時に不都合なアウトカムを指すので，Safety-I の原因論は必然的にそれらがどのように起こりうるのかに関するものになる。言い換えれば，原因論は，現れ方を生み出す，ありうる，可能性のある原因や「メカニズム」に関するものでなければならない。それゆえ，原因論は Safety-I に関連した事故モデルを表すことになる。

単純な直線的な因果関係の時代・技術の時代（図 2.1 参照）に対応する安全に関する思索の初期においては，事故は特定の認識可能な順序で発生する一連の出来事あるいは周辺環境（circumstances）の到達点（culmination）と見られていた。実際に，ハインリッヒは 10 項目からなる「産業安全の原理」を提案

しており，そのなかで最初に次のように述べている．

> 傷害というものは，つねに要因の完結的なシーケンス —それらの最後の一つが事故それ自体である— からもたらされる．つまり，事故は間違いなく，人の不安全行為および／または機械的あるいは物理的な危険によって直接的に引き起こされるか，発生可能にされる．

そして，図 3.3 で述べたように，事故（Safety-I の破綻の現れ）は，可能性のある原因を発見し，それを取り除くことによって回避されうる．

続く Safety-I の時代，つまり 1970～1990 年代における，複合的ではあるが，やはり直線的な因果関係の時代においては，事故は即発的失敗（active failure，不安全行為）と潜在的条件（latent condition，ハザード）の組み合わせの結果と考えられてきた．図 3.4 で述べたように，事故はバリアと防御の強化によって回避されうるとされた．事故は先立つ原因の結果であるという一般的に持たれていた信念は，先に議論したピラミッドモデルのなかに取り込まれている．

Safety-I の原因論はそれゆえ，結果 —すなわち Safety-I の兆候— は分解することによって，そして部分の特徴，とくに失敗や故障の仕方を参照することによって説明することができるという仮説に加えて，因果関係に関する仮説（4.1 節「因果律についての信条」を参照）を含むことになる．原因論はそれゆえ，安全（の欠如）のメカニズムと称されるものを示す．それらのメカニズムは，ドミノモデルやスイスチーズモデルで説明されるような，単純もしくは複合的な直線的進展である．他方，より複雑ではあるが，やはり直線的な説明の図式を，Tripod，AcciMap あるいは STAMP のような特定の手法やアプローチのなかに見いだすことができる．Tripod によれば，事故は，バリアの機能障害のような，即発的失敗と潜在的失敗の組み合わせを通じて発生する．AcciMap は事故を原因の抽象化階層（abstraction hierarchy）の点から説明する．STAMP は 2 つの階層的な制御の構造から成る社会技術的な制御のモデルを説明の基盤として用いる．しかし原因論は，より基盤的なこと，すなわち物事の起き方の性質に関する基本的な仮定をも意味している．

何かが起きたときは，つねに先立つ原因があることが仮定される．この原理は，「むだに起こることは何もない．何事も理由や必然によって起こる」という

言葉で知られているミレトス（Miletus）のレウキッポス（Leucippus，紀元前480年頃〜420年頃）によって明確に述べられた。もし一般的にそうであるならば，何かが悪くなる状況 —すなわちインシデントや事故— においても，それは確かに真実である。不都合なアウトカムは不都合な出来事の結果であり，そして不都合な出来事には，ハインリッヒの最初の産業安全の原理で述べられたように原因がある。概ね1950年頃，人間工学（human factors engineering）やマン・マシンシステムの研究が重大な関心事になった当時，システムは比較的簡単に記述したり理解したりすることができ，因果関係の仮説は結果的にほとんどのケースにおいて意味をなした。なぜ物事が失敗するのかを確定し，それに関して何かを行うことが一般的に可能だった。しかし，今日までに多くのシステムは，記述したり理解したりすることが非常に困難になっていて，伝統的に存在を仮定してきた因果関係を解明することが実質的に不可能になっている。現象論 —すなわち悪くなる物事— は同じままである一方で，原因論はもはや明確ではないのである。

5.4　Safety-Iの存在論

　原因論と存在論の関係は多くの点で制約されており，どちらがより重要なのか，あるいはどちらが最初なのか（なお「最初」それ自体が，因果関係に関する仮定を含んでいる概念である）を述べることはできない。原因論は，失敗がどのように望まない結果につながるのか，つまり（顕在的あるいは潜在的な）失敗や故障が相互作用する「メカニズム」の説明であり，存在論は失敗の性質 —したがって，安全の真の性質や本質的な特徴— に関するものである。存在論 —それは何かについて— をより詳しく考えると，それがすでに述べてきた3つの基盤的な仮定を含んでいることが明らかになる。すなわち，システムは分解可能で，構成要素の働き方は2つのモード（正常か異常か）のどちらかに記述でき，出来事が進展する順序をあらかじめ正確に決めることが可能であるという仮定である。これらを一つずつ順番に考えていこう。

第1の仮定：システムは分解可能である

　我々はすでに，脱構築のプロセスの一部として，分解可能性の問題に直面した。そして，要素還元主義の概念に関連し，分解について議論したところである。ギリシャの哲学者たちは，因果関係の原理だけでなく，分解の原理も主張した。その最も有名なものとして，すべてのものは物理的に分割できない「原子」によって構成されているとするデモクリトスの理論がある。（デモクリトスは，レウキッポスの弟子だった。）それは，構成要素と，それらの構成要素が一般に構造と呼ばれるものにおいてどのように互いに組み合わされているのかという点からシステムを考えることを不可避にした。それゆえ，システムの伝統的な定義は，その構造 ——すなわち，部分と，それらがどのように結びつき，あるいは組み立てられているか—— を参照してきた。システムの定義の単純なバージョンでは，システムとは互いに結びついた部分から構成される何かであるとされている。やや詳しく述べられたバージョンでは，システムとは「オブジェクト間およびそれらの属性間の相互関係を持ったオブジェクトの集合である」とされている。

　システムが部分に分解できると仮定することは理にかなっている。我々は，モノを組み立て，注意深く部品を結合させ，組織化することによってシステム（航空機，原子力発電プラント，電話ネットワーク，病院を含めて）を構築できることを知っている。それゆえまた，このプロセスは逆転させることができ，意味を持つ構成要素に分解することによってシステムを理解できると信じている。確かに我々は，事故の原因を見つけるために技術システムを分解することに関して，（最近のボーイング787のバッテリー問題では行き詰まりはあったにせよ[*2]）ある程度の成功を収めている。我々はまた，ソフトシステム（組織あるいは社会技術システム）を構成要因（部局，係員，役割，利害関係者）に分解できると仮定している。

[*2] 訳注：2013年に多発したボーイング787型機のトラブルのこと。バッテリーの発火が相次ぎ，同型機は運航停止に追い込まれた。発火の根本的な（真の）原因は究明されないまま，考えられる原因と発火した際への対策を講じることで，その後，運航が再開された。p.92を参照のこと。

そしてついには，同じことがタスクや出来事に関しても可能であると仮定している。それは，タイムラインや階層的なタスク記述の持つ魅力的な視覚的単純さにも由来している。しかし，どちらのケースにおいても，我々は間違っている。<u>「ソフト」システムと起きたこと（出来事）の両方について間違っているのである</u>（下線は訳者による）。組織について言えば，我々はそれを構成要因に分解できると仮定している。たとえば，公式の組織と非公式の組織の間には重大な違いがあると，我々自身，わかっているにもかかわらず，それに気を配ることなく，組織図で表された組織に着目する。仕事場（workplace）について言えば，我々はそれを，ヒューマン・マシンシステムであるとか（分散意思決定のような）分散システムのように，構成要因にばらした経験を持っている。それどころか，「分散」という概念は，まさに分散可能ないくつかのものがあり，一つ一つが異なる場所にあるが，それらはいくかの基本的な方法で共同して機能できると仮定している。そして，活動や出来事といった起きた物事についても，科学的管理の動作・時間研究で行われるように，あるいはさまざまな形のタスク分析や線形的なイベントシーケンス法で行われるように，それらはより小さな部分に分解できるとした経験を我々は持っているのである。

第2の仮定：2モード性

不都合なアウトカムを説明するためにその潜在的な原因へとさかのぼるとき，関係する部品は，正しく機能したか，しなかったかで表されると仮定されている。この2モード性の原理は，物事はそれが機能しなくなるまでは機能するという一般的な仮定を示している。電球が切れたときのように，個々の部品が機能しなくなったときはいつでも，その部品は捨てられ，新しい（そして通常は理想的な）部品と交換される。同じ論法が，複合システム（composite system）にも適用される。複合システムにおける不具合は，とくに複雑なロジック（ソフトウエア）が一役買っている場合には，しばしば出たり出なかったりするにもかかわらずである。しかし，単純ではない複合システムにおいてさえも，パフォーマンスは基本的に2モード的であることが仮定されており，システムは正しく（設計されたとおりに）動作するか，しないかだと仮定され

ている。2モード性の原理は，システムおよび／またはシステムの構成要素が，潜在的に2つの異なるモードあるいは状態 ―機能するか，機能しないか― のうちの1つとして記述可能であることを意味している。ただし，それらの2つのモードの間に，機能低下したオペレーションの領域が存在する可能性を排除しているわけではない。システムは通常，特定の機能を提供するように設計・構築され，何らかの理由でその機能が提供されないときには，それらは機能しなかったとか故障したとか言われる。

また，Safety-Iの神話の議論のところで指摘したが，この第2の仮定への追加がある。それは，原因と結果の間には一種の適合性すなわち比例性がなければならないという概念である。もし，結果が大したことはないか些細なもの ―ちょっとしたインシデントあるいはニアミス― であれば，その原因も大したことはないものである。逆に，深刻な事故や災害のように，もし結果が重大であれば，その原因はそれにある程度マッチしたもの，すなわち少なくともそれらは些細なものではない。このように我々は予期する。（その結果，出来事がより深刻であればあるほどそこから学ぶことは大きいということになる。これについては第8章でさらに議論する。）どちらの場合においても，比例性に関する仮定は原因を探索する上で明らかにバイアスになるのだが，その影響のもとで我々は些細な何か，あるいは重大な何かを探すのである。

「T」の文字

読者は，この項の見出しの理由は何だろうと思ったかも知れない。その簡単な説明は，前の文章が「T」の字で始まっていることである[*3]。しかし，もしかすると，さらにいくらかの説明が必要かも知れない。

私や年配の読者が以前使っていた種類の手動のタイプライターを考えてみてほしい。手動のタイプライターでは，もしあなたが「t」と印字されたキーを叩いたら，「t」の字のタイプバーが振り上がり，リボンを叩くだろう。そして，あなたが書いている文章の次の字として「t」が印字されて残る。キーを叩く

[*3] 訳注：直前の原文（The reader may well wonder…）の書き出しがThe であったことを言っている。

ことは原因であり，印字された字は結果である。手動のタイプライターでは，これがどのように起こるのか理解することは簡単である。なぜなら，キーとタイプバーの間には，単純な機械的結合があるからである。電気式のタイプライターでも，いくつかの隠れた中間ステップはあるけれども，それがどのように働くのか理解することは可能だ。

　より進んだタイプライターの登場は，物事を少し不明瞭にした。有名な IBM の電動タイプライターでは，タイプバーはタイプボール ―表面に文字が鋳造された球体― に置き換えられた。そのタイプライターは，タイプボールを適切な位置に回し，それをリボンとローラーに打ち付けるために，電気によって駆動されるラッチ（かんぬき），金属テープ，滑車のシステムを使っていた。（他ブランドは，少し理解しやすい回転する印字円盤を使っていた。）キーボード上のキーを叩いたことと，紙の上に対応する文字が現れたこととの間には，まだ理解可能な因果関係があるものの，起きていたことの理解はもはや単純ではない。今度は文字を生み出す何らかの電気機械的な結合があり，それはおそらく原因と結果の単純なシーケンスである一方で，それを直接的に理解したり，記述したり，類推によって論じたりすることはもはや不可能であった。

　さて今日，タイプライターはほとんど博物館で見るためのものである。代わりに，我々はさまざまな種類のコンピュータやタブレットに頼っている。キーボードのあるコンピュータでは，まだある種の整然とした機械的なプロセスをイメージすることができる。しかし，入力するのに ―この場合は「t」を入力するのだが―，音声入力や，感応式のスクリーンに触れて文字を書くタブレットでは，一対一の対応関係は姿を消している。それどころか，結果は，「t」「d」あるいはいくらか類似している他の文字（「t」と発音あるいは形が似ている文字）かも知れない。

　我々は，分解の結果として得られた構成要因を考えるとき，それらの機能が真か偽か，機能するか故障しているか，オンかオフか，正しいか正しくないかのような，2モードのカテゴリーを用いて記述可能であることを仮定している。2モードの記述は，起きたことの分析 ―とくに何かが悪くなったとき― と，将来の状況に関する分析 ―たとえば，システムを設計したり，リスク評価を行ったりするとき― の双方に便利である。それは理解する上で単純であり，

複合的なシステムや出来事を把握し，それらを理解可能なように記述することが我々の生来の能力では困難であるときに，我々が頼る論理的な定式化によく整合する。しかし，それはしばしば誤っている。

「他の条件が等しければ」の原理

分解と2モード性の仮定とが相まって，基本要素あるいは構成要因は個々に記述でき，かつ／または分析可能であるという結論を導く。これは，もちろん，とても都合の良い仮定である。なぜなら，それは構成要因を一つずつ扱えるということを意味するからである。（その原理は事故分析にも適用され，通常，事故分析は各事故に対して別個に行われる。）基本要素あるいは構成要因間の相互作用に関しては，線形的な形で起こることが仮定されている（下記参照）。言い換えれば，全体はまさに部分の和であるか，さらには全体は部分の（線形的な）和として表現可能であり，理解可能であるということである。この原理は，帰納的研究を支配する「他の条件が等しければ」の原理に類似していると考えられる。「他の条件が等しければ（ceteris paribus）」とは，「他の物事が同じであるとして」あるいは「すべての他の物事は等しいならば」ということである。「他の条件が等しければ」の仮定を適用することによって，一度に一つの基本要素あるいは機能にのみ注目することが可能になる。なぜなら，他はすべて「同じ」であり，それゆえ変化せず，何の効果も持たないからである。

科学では，「他の条件が等しければ」の仮定は，さまざまな形の科学的探究のほとんどにとって基盤となっている。統制された実験を行うために，特定の因果関係を調べる上で妨げとなる要因を排除しようとすることは，一般的に行われている。実験科学は，研究対象としている一つを除いて，他のすべての独立変数が統制可能であることを仮定している。そのため，一つの独立変数 ―あるいは変数群― の従属変数に対する効果を分離して扱うことが可能となる。経済学は，経済効果の定式化や記述をシンプルにするために，「他の条件が等しければ」の仮定に依拠している。医学的実験そして社会的実験も同様である。リスク評価もそうであることは，たとえばフォールトツリーで失敗確率を計算する方法から明らかである。「他の条件が等しければ」の仮定はまた，

安全マネジメント，組織構築，品質管理などに支配的な影響を与えている．事故分析に基づいて多くの勧告が出されるとき，それぞれの勧告に対する対応行為が，他の勧告や周辺で起きていることから影響を受けたり与えたりすることなく目的が達成可能であることが，楽観的に仮定されている．これは，社会科学，とくに産業心理学と認知工学においては，置換の神話（substitution myth）——すなわち，人工物は，それらのシステムへの導入が意図された効果だけを持ち，意図しない効果は持たないという意味において価値中立であるとする一般的仮定——として知られている．

第3の仮定：予測可能性

　さらなる（古典的な）仮定は，出来事の順序すなわちシーケンスは事前に決定され，固定されているということである．これは Safety-I の考え方の原点を考える上で非常に重要である．その考え方は，それが発電所のような技術的なものであれ，あるいは工場や生産ラインでタスクを完遂する，サービスを提供するといった人間の活動であれ，与えられた結果を生み出すために明示的に設計されたプロセスにかかわっている．実際に，我々が何事かを行う新しい方法を設計するとき，それが新しいタスクあるいは活動であれ，すでに行われている何事かの改良であれ，我々は習慣的に（もしかすると不可避的に）因果関係について線形的に考え，そのプロセス（あるいは活動）が計画され，意図されたとおりに進むように条件を整えようとする．このやり方は，少なくとも物事が妨害や混乱なく計画されたとおりに進んでいる限りにおいては，プロセスを管理したり制御したりすることをより簡単にし，その結果としてより効率的にする．

　一方で，我々は毎日の経験から，時々は行われている物事の順序を変更する必要があり，それを即興的に行い，パフォーマンスを調整する必要があることは，決して稀ではないことを知っている．それゆえ，我々は，仕事のプロセスや機能のほとんどが，あらかじめ決められた方法で進む（それは良いことである．なぜなら，社会全体としてそれに依存しているからである）一方で，変動が避けられないと同時に，それがどこにでもあることを知っている．出来事を

分析可能にするために記述する方法（フォールトツリー，イベントツリー，ペトリネット，ネットワーク，タスク分析など）において，単純化のための仮定を設けることは理解できる一方で，それは深刻な誤った認識でもある。たとえばイベントツリー（伝統的な THERP ツリーのような）では，イベントのシーケンスが異なれば，それらが単に2つのステップを逆にしたものに過ぎなかったとしても，異なる分析と異なるイベントツリーを必要とする。これは明らかに，記述や分析を可能な限り単純化できるような強力な仮定を用いる強い動機付けになる。

個々の構成機能や部分を見ることによってプロセスあるいはシステムを分析することは，多くの面において明らかに便利である。しかし，システム全体がどのように機能あるいは動作するのかを理解するために，分析の最後にはすべてのものを再び組み合わせる必要があることは，分解方式における紛れもない事実である。分解が線形性を仮定しているので，組み立てや寄せ集めもまたそれを仮定している。言い換えれば，（再）結合が行われたとき，構成要素間の相互作用あるいは関係は，平凡なもの（因果的，疎結合）かつ一方向のもの，または干渉しないものとして記述可能であることを仮定しているということである。この見方も，ある製品やサービスを供給するためにある方法で働くよう設計された多くのシステムやプロセスにとっては，納得できることである。そしてまた，それらが適切に機能することを確かめることは，我々の義務である。我々は多くの場合，その結果に依存しているからである。

しかしながら，もし，その仮定がすべてのシステムに対して成り立つと見なすならば，それはごまかしである。その仮定は，（労働）生活が比較的単純であった20世紀の最初の10年には合理的であった一方で，今日では一般的には合理的ではない。もちろん，いまだにこの仮定が実用的な見地からは正当であったり，あるいは少なくとも取り返しのつかない害があったりするわけではない多くのシステムやプロセスがある。しかし，我々はまた，単純な分解と寄せ集めのアプローチが可能でもなければ正当でもない事例が増え続けていることを知っている。そのような事例は，最初は事故として衆目を引くこともあるが，より多くの場合，事故とはいえない，あるいは事故をもたらさない最適水準未満の込み入った状態であるとして生じている。そのようなケースの数は，

皮肉なことに，自分たち自身がつくったシステムを完全に理解することに関する我々の無力さのために増え続けている。この状況に目を向ければ，必然的に，この仮定ならびに他の単純化のための仮定群を捨て去るべきだということが，当然の結論となろう。

　しかしながら，なぜかあまり注意をひかないが，同じく重要なもう一つの仮定がある。それは，文脈や条件からの影響が限定されていて，さらにそれらは定量化可能であるという仮定である。我々全員が認めなければならないことは，我々はまるで仕事環境や仕事場が孤立しているかのように（「他の条件が等しければ」の原理を参照），それらを設計しようと努力するが，実際には仕事が孤立して行われるわけではないということである。環境や文脈からの影響はつねにあり，合理的な分析をするためには，何とかしてそれを考慮しなければならない。その問題は，多くの科学の学問分野で，時には前向きに，時には渋々，認識されてきた。たとえば，意思決定理論は，その歴史の大部分をその問題のために捧げてきた（それは少なくともブレーズ・パスカル（1623-1662）にまでさかのぼる）。しかし最近では，人々が過酷な状況下で実際にどのように意思決定しているのかを記述するために構築された自然主義的意思決定理論（naturalistic decision theory）の考え方に屈服したのである[*4]。

　経済学もその問題に取り組んではいるが，中途半端な態度であり，いまだに市場合理性の仮定を維持している。行動科学そして認知心理学はとくに，状況的認知（situated cognition）や自然のままの認知（cognition in the wild）を受け入れた代わりに，状況に依存しない認知や情報処理を捨てなければならなかった。事故分析者は明らかに状況の影響を無視するわけにはいかない。にもかかわらず，事故は非常に特別な条件によるものであり，もしそのような条件が取り除かれていれば，システム（あるいは人々）は完璧に動作できたであろうという結論 ―勧告のなかで，そうであることがたびたび明示されている― が導かれているのが現実である。リスク評価，とくに確率論的リスク評価（probabilistic risk assessment）のような定量的なものは，頑なに独立性の

[*4] 訳注：naturalistic decision theory によれば，多くの現場における意思決定は状況依存であるし，時にはごく簡単なヒューリスティックに基づいてなされている。意思決定理論が提示するようなやり方をとっていたならば，現実には対応できない。

仮定に執着している。それは，機能が独立して記述され，分析されるという点（上記参照）と，その焦点がいまだに機能ごとの（失敗）確率にあるという点の両方に見られる。確かに，条件や環境からの影響があることが認識されてはいるが，それは失敗確率を補正する行動形成因子（performance-shaping factors）の集合として表現されている。行動形成因子それ自体は，基本要素であるか，あるいは分解することができ，それらの合成影響はシンプルな算術演算によって求めることができるとされているのである。

存在論の要約

　ここまでの要点は，世界 ―たとえば素朴なタイプライターによって象徴される― はより複雑になったので，もはや行為とアウトカムの因果関係を理解可能であると仮定するのは合理的ではないし，それらを因果関係で記述できると仮定することさえも合理的ではないということである。単純な方法であらゆることを説明するという心理学的な（そして社会的な？）ニーズは否定できない一方で，そのニーズを満たしながら，同時に適切な現実性や実用性のレベルを保つことはできない。何らかの行為が確かになされればアウトカムは生じるとしても，行為（活動）とアウトカムの間の関係は不透明で，理解困難なことが起こっている。タイプライターの事例でさえも，いくらか気ままにではあるが，現象論，原因論，存在論（最後のは少々やりすぎだけれども）について語ることができよう。何かが起きたとき，その原因を見つけられること，あるいはもっともらしい説明を思いつくことを当たり前だと考えることをやめなければならない事例は，ますます増加している。生じる事態が望ましいアウトカムであるか望ましくないアウトカムであるかにかかわりなくである。ちなみに後者は，一般に我々が強く懸念していることである。

　簡単に言えば，Safety-I の存在論は持ちこたえられないということである。あるいはむしろ，Safety-I の考え方はもはや普遍的に適用可能ではないと言えるだろう。たとえ伝統的な安全問題に焦点を絞っているときであっても，Safety-I の考え方がおよそ 1 世紀前につくられたものだということを覚えておかなければならない。ドミノモデルは 1931 年に刊行された本のなかに記され

ている．しかし，そのアイデアへと至る経験やその本のなかに記されている理論は，先立つこと数十年に由来するものである．20世紀初頭の仕事環境において妥当であるこの考え方は，社会技術システムが分解できず，2モード性にそぐわず，あるいは予測可能でもない今日においては妥当性を失っているのである．

《第5章についてのコメント》

脱構築の考案者はフランスの哲学者であるジャック・デリダである．脱構築は，Derrida, J. (1998), *Of Grammatology*, Baltimore, MD: Johns Hopkins University Press で発表された．

英国国民保健サービスのインシデントの定義は，ウェブサイト http://www.npsa.nhs.uk/nrls/reporting/what-is-a-patient-safety-incident/ で見ることができる．潜在的に有害な出来事を含めるという傾向は理解できる一方で，それはむしろ不幸なことでもある．なぜなら，そのような出来事の報告は，実際に起きたことよりも，人々が状況をどのように判断するかに依存するからである．

Tripod のウェブサイト（http://www.energypublishing.org/tripod）では，その手法は「インシデントと事故を理解するための理論（原文のまま）」であり，とくに「根本的な組織的原因と欠陥を明らかにし，対処することを可能にする」と記されている．Tripod はスイスチーズモデルのアイデアの精緻化と考えることができる．AcciMap は抽象化階層の手法を用いて事故の地図をつくるための手法である．そのオリジナルの記述は，Rasmussen, J. and Svedung, I. (2000), *Proactive Risk Management in a Dynamic Society*, Karlstad, Sweden: Swedish Rescue Services Agency に見られる．Systems-Theoretic Accident Model and Processes (STAMP) のアプローチは Nancy Leveson によって開発されており，いくつかの論文で発表されている．それは階層的に構造化されているものとしてシステムを考えることに基づく複合的な線形分析の手法である．階層の一つのレベルにおいて構成要素の集合から創発した特性は，それらの構成要素の自由度を制約することによって制御され，それにより，システムの動作は制約に

よって暗示される安全な変化や適応の範囲に限定される。これらの3つの手法はすべて，直接的あるいは間接的に，J. ラスムッセンがデンマークの Risø 国立研究所に在勤していた間に構築したアイデアを反映している。

　システムとは何かに関する多くの異なる定義があるが，一般的に見てそれらはよく一致している。本章で用いた定義は，Hall, A.D. and Fagen, R.E. (1968), Definition of system, in W. Buckley (ed.), *Modern Systems Research for the Behavioural Scientist*, Chicago, IL: Aldine Publishing Company に見られる。

　置換の神話とは，人工物は価値中立であるので，それらのシステムへの導入は意図された効果のみをもたらし，意図しない効果はもたらさないという広く共有されてきた仮説である。この神話の基礎は互換性の概念である。それは製造業で成功裏に用いられている。部分が相互に作用せず，認識できるほどの摩損もない技術システムに対して互換性が成り立つと仮定することは，非合理的というわけではない。しかし，それは社会技術システムに対しては合理的な仮定ではない。置換の神話に関する優れた議論は，Salvendy, G. (ed.), *Handbook of Human Factors & Ergonomics*, second edition, New York: Wiley のなかの，Sarter, N.B., Woods, D.D. and Billings, C.E. (1997) による "Automation surprises" という章に見られる。

第6章
変化の必要性

　　　　時は変わり……

　第5章では，Safety-Iは時代遅れな考え方だと結論付けた。なぜなら，世の中はこれほどまでに変化しているにもかかわらず，Safety-Iの考え方はまったく変化していないからである。世の中の変化は，たとえば1970年代初期の作業場面とその40年後の作業場面とを比較してみるとよくわかる。図6.1に，1970年および2013年の航空交通管制官（ATC：Air Traffic Controller）の訓練の様子を示す。訓練場面であるから実際の作業場面とは多少異なるであろうが，本質的な特徴はある程度表していると考えられる。他の産業領域でも，同様の変化が起こっていることであろう。

　1970年代は，作業場面にコンピュータは見られず，もちろん見えないところでコンピュータ処理が行われていたかもしれないが，それでも自動化やコンピュータ化による支援の程度は小さかった。（管制官の作業場面だけでなく，彼らによって誘導されるパイロットの作業場面でも同じことが言えるであろう。）当時の訓練の様子から，管制官が処理しなければならない航空機の量，言い換えれば発着回数は，いまよりもずっと少なかったことがわかる。つまり，作業のペースはいまよりもゆっくりであったと言える。また，この時代の訓練では，特定の空港や特定のセクターでの出来事に関心の焦点が絞られており，他のセクターとの連携まではカバーしていなかった。

　一方，2013年の作業場面は，明らかに異なっている。あらゆる作業が，表にも裏にも複数のコンピュータシステムによって支援されており，また支援にとどまらず具体的な実行さえなされている。作業に対する要求と負荷も，発着回

図6.1 航空交通管制官の訓練場面に見る変化
（出典：DFS Deutsche Flugsicherung 社より許可を得て転載）

数が約3倍にまで増えたことによって著しく高まった。状況がより複雑化したことによって，セクター（管制空域）構成を変更するだけでなく，隣接セクターとの密接な連携も必要となった。このような作業場面の変化は，製造業，医療，金融システムなどにおいても同様に見ることができるし，また，都市化された交通環境で最新鋭の自動車を運転するといった，仕事業務以外の場面でも同様に生じている。

6.1　開発率

上述の変化は，2つの要因の相互作用によって生じたものと考えられる。1つ目の要因は人間の開発力であり，2つ目の要因は自分たちを取り巻く世界をさらに支配しようとする，とどまることのない人間の努力，すなわち，何が何でも「より早く，より良く，より安く」という原理で知られるところの努力である。しかし，人間の開発力は，これまでも決してつねに安定したものではなく，歴史を通して変動してきた。英国の科学史学者サミュエル・リリーは，人類による機械装置の年間平均発明数の増加割合として相対的な発明率を定義し，その観点で世界の変化を指標化した。新石器時代までさかのぼった長い歴史的スパンで見ると，この率はいくつかの転換期（農業導入後，古代アテネ文明の全盛期，ヘレニズム文化拡大の末期，ルネサンス時代）において山が見られるが，いずれにおいても再び低下している。しかし，第二次産業革命の時期に当たる18世紀初頭からは，この率は，もはや頭打ちがないかのように上昇し続けている。

ムーアの法則

開発率の近代的表現が，ムーアの法則である。半導体チップに入るトランジスタ数が約2年（約18か月とする場合もある）で倍増するという現象を示す法則である。1965年にこの法則が提唱されてから今日に至るまで，上述した割合での成長が持続している。ただし，チップを設計する開発者たちの自己達成可能な予言であったという可能性も，ある程度は否めない。

図 6.2 に，上述したムーアの法則，すなわち約 2 年で倍増する変化の様子を示す．出発点の 1971 年では，一つの CPU 当たりのトランジスタ数は 2,300 個であった．2012 年には，市販の CPU における最大トランジスタ数は 2,500,000,000 個を超え，フィールドプログラマブルゲートアレイ（FPGA）におけるトランジスタ数の世界記録は 6,800,000,000 個に上った．さらにここからつくられた装置やデバイスの数に至っては，もはや数えた人はいないだろうが，相対的な開発率[*1] が，いまや 1 を優に超えているということは，決してありえない話ではない．

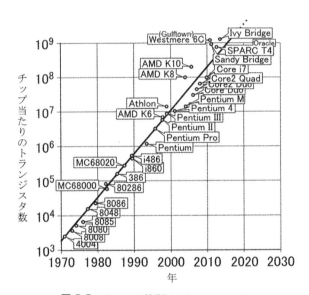

図 6.2　ムーアの法則（出典：Wikimedia）

ムーアの法則は，その精度が高いか否かにかかわらず，たとえ倍増のスパンが 18 か月ではなく 3 年だとしても，電子デバイスの能力，すなわち装置機器の能力が，指数関数的な割合で成長することを示した．そしてこれは，その成長に応じて電子デバイスの価格とサイズが減じられることを意味している．こ

[*1] 訳注：p.137 参照．

うしてプロセッサやセンサ，またネットワークの能力が向上することで，より複雑かつ密接に連結した機械が実現し，ひいては社会技術的居住環境そのものが変化することになる。

　増大する発明率を説明する2つ目の要因は，人間が世界をさらに支配しようとするとどまることのない努力である。これは，世界を征服しようという従来的な意味ばかりではなく，想定外の事象を許容可能な程度にまで少なくするために，世界を管理しようという意味も含まれている。また，より迅速に，より精密に，そしてより少ない労力で物事を行いたいという人間の飽くなき欲求とも密接に関連している。これを端的に表した定理に，「システムストレッチの法則」がある。これは，いかなるシステムも，最大限の能力で動くよう限界までストレッチ（拡張）し続けることを意味しており，これを発明率が増大し続けることとあわせて考えると，システムの能力は際限なく拡張し続けるということになる。「ストレッチ（拡張）」という語は，最大限まで拡大するという意味を含んでおり，つまりは，限界まで拡張するという意味を持つ。したがって，残念ながら我々は，その先に何があるのか，その結果何が起こるのかということを完全に理解することなく，機能の開発と拡大をただ惰性的に際限なく続けてしまうことになる。

失われた均衡

　上述の2つの要因を結びつけたとき，皮肉にも我々は自分たちにとって不安定な状況をつくり出してしまう。言い換えれば，動的に不安定な戦闘機などのように，我々は自分たちで制御できないシステムを開発してしまったり，時にはわざわざそういったシステムをつくり出したりすることさえある。本来は，機器装置の開発率と我々の能力が均衡することが望ましい。すなわち，新しい機器装置の開発は，それを使用し制御する我々の能力によって制約される状態にならなければならない。しかし，不幸にもこの均衡は，知恵と楽観の入り交じったものによって巨大化する人間の傲慢さに敗れ，そこでは自分たちがつくったものを制御するに足りない能力を補うために，技術の力が用いられる。その最もわかりやすいやり方が，自動化である。自動化信仰は，人は機械に置

き換えられるべきものであるという神話（substitution myth）をつくり上げてしまうものであるとしても，この 50〜60 年の間，根強く生き残ってきた。

以上をまとめると，このような発展は，図 6.3 に示すような自己強化サイクルを生み出していると考えることができる。

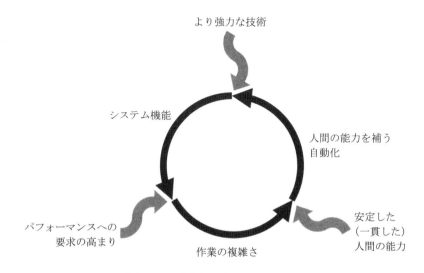

図 6.3　技術革新の自己強化サイクル

ノーバート・ウィーナーは，はるか昔の 1954 年に，「我々は自分たちの取り巻く環境を劇的に変化させたのだから，この新しい環境で生き抜くために，今度は我々自身が変化しなければならない」という言葉でこの状況を物語った。しかし，それも大した慰めにはならない。（そして，今日の解決主義（solutionism）[*2] による技術万能視は，むしろ状況を悪化させているだけである。）この状況は，技術的には，システムが異常や緊急事態に陥ったとき，顕在化するであろう。しかしながら，我々の思考法は，結果的に起こることだけしか見ない平凡な因果的推論に依然として基づいている。システムの開発では

[*2] 訳注：テクノロジーによりあらゆる問題は解決すべきであり，解決できるはずであると，テクノロジーによる問題解決を万能視する考え方。詳しくは《第 6 章についてのコメント》（p.137）を参照。

多くの物事が並列になされるが，我々は直列的にしか物事を考えられない。少なくとも，意識的または意図的な思考法をとらなくてはならない場合（何かを設計したり，安全性評価をしたりする場合など）には，そのようにしかできない。よって，結局，システムは手に負えないものになってしまう（詳細は以下に説明する）。これは，何が起こりうるのか，それがどのようにして起こるのか，なぜ起こるのかを，我々がもはや理解できなくなることを意味している。

　この結果をはっきりと表しているのが，今日，コンピュータや IT デバイスによって我々の日常生活が浸食され，そしてもはやそのことを認識できないほど日常生活が変わってしまったという事実である。（これによって，ヒューマン・マシンインタラクションやヒューマン・コンピュータインタラクションという研究領域は，学術的にも実務的にもメジャーになった。）しかし，利点と難点（それには，自動化によってもたらされる想定外の恐ろしい事例も含まれる）の両者を伴うコンピュータ機器を，目に見える形で利用する限りなら，まだよい。それ以上に大きなことは，コンピュータ機器の開発が社会技術的居住環境や作業様式をどう変えたかということである。これは，後になってからしか目に見える形にならない。なぜなら，利用者が利用中にはまったく気づかないことがいくつも含まれているからである。インタフェースのデザイン，ユーザビリティ，「インテリジェント」デバイスといった項目の重要性が着実に高まる一方で，マシン・マシンコミュニケーションは，多くの人が気づかないまま進められている。しかし，市場予測においても，マシン・マシンコミュニケーションは成長する領域であると同時に，問題としても大きくなることが認識されているのである。この展開を暗示するものとして，関連分野の専門家や研究者は，2020 年までにスマートフォンの契約者は 60 億人以上に達すると予測している。いや，実際にはこの数字は控えめすぎるかもしれない。国連のある機関は，2014 年の終わりまでにモバイル契約件数は世界の人口を超えるであろうと報告している。また，エリクソンなどの通信各社は，2020 年までには大型産業設備，小型デバイス，家庭，自動車，そして現段階で可能なものも不可能なものも含めたあらゆる対象において，500 億台以上のインテリジェントマシンが用いられているであろうと予測している。500 億台以上のインテリジェントマシンは，社会技術的居住環境を根本から変える。したがって，気が

つけば魔法使いに使われる弟子のような，誰からもうらやましがられない存在になっていたということにならないよう，我々はいまのうちからこのことについて考え始めなければならない。（余談ではあるが，機械は，そのほとんどが機械同士でコミュニケーションをとるようになるだろう。2013年12月12日のBBCニュースでは，すべてのウェブ通信の61.5％はロボット間によるものであり，これは前年比で21％増であると報じている。）

となると，安全やその他の問題に対する従来の考え方（分解，2モード性，予測可能性）は，システムを設計するにおいても，運用するにおいても，そして管理するにおいても，もはやまったく不適切である。とくに，異常が発生した際，何が起こっているのかを理解する上では役に立たない。今日では，あらゆる作業が，複雑かつ密接な絡み合いを持つ社会技術的居住環境のなかにあるわけだから，我々のモデルや方法論は，当然，その事実を反映しなくてはならない。このことは，我々が，安全，生産性，品質，レジリエンスなどを考慮するか否かにかかわらず当てはまる話である。

6.2 新しい境界

今日の課題は，往年より大規模で複雑なシステムを開発し，管理することにある。その変化は，さまざまなやり方で表現され，その際，システムの構造や性質，また範囲や規模などが着目される。考えなければならないことは，システムをどう管理すべきかということであるから，物理的な特性より，むしろ機能的な特性に視点が向けられる。その側面の1つ目として，システムを管理する上でカバーしなければならない，また考慮しなければならない時間的スパンが挙げられる。また2つ目として，考慮すべき組織の階層数が挙げられる。さらに3つ目として，独立したシステムと考えてよいのか，もしくは考慮すべき他のシステムとの依存関係があるのかどうかという観点からのシステムの拡張範囲が挙げられる。後者は，システムの境界をどこに引くのかという問題に置き換えることができる。そうすることによって，あるシステムについて，それが何であるか，その環境がどうであるかなど，その性質について長々と議論しなくても，相対的な線引きによって単純明快な解釈ができる。長年にわたって

システム思考の第一人者であったピーター・チェックランドは，システムとその環境との境界について，次のように述べている。

> システムの意思決定プロセスが，物事を起こしたり起こらないようにするための力を及ぼしうる範囲を決めるもの。より一般的に言うと，境界は，分析者自身がシステムと捉えた実態と，その環境との間の違いを明確にするために，分析者自身によって引かれる区別である。

時間的スパンまたは時間的範囲

　安全マネジメントの焦点，もっと言えば，あらゆるプロセスマネジメントの焦点が，そのシステムがすること，そのシステムが生み出すものといった，そのシステムの存在価値とも言える事柄に向けられるのは，自然なことである。それゆえ，関心の対象となる時間的スパンは，活動や運用の標準継続時間となる。定期巡航船であれば巡航時間となる。外科医であれば手術時間，トレーダーであれば1取引の立ち会い時間となる（今日では1取引当たりの立ち会い時間は極めて短く，さらにコンピュータによって取って代わられてさえいる）。発電所のオペレータであれば，時間的スパンはシフト時間となるが，電力会社にとっては定期点検までの間隔となる。

　このように，活動や運用の標準継続時間は大きく異なっており，その単位も，秒，時間，日，週，月とさまざまである。先に述べた世界の発展の結果として，分析の際に考えなければならない時間的スパンは拡大し，システムのライフサイクルにおいて初期にどのようなことが起こり，後期にどのようなことが起こるのかを含めて議論する必要性が生まれている。システムのライフサイクルの初期に起こることは，システムを運用する能力に影響を及ぼす可能性があり，よって，システムを意図どおりに機能させる能力にも影響を及ぼしうる。この初期段階にはもちろん，準備や設定，必要な前提条件を整えておくこと，ツール，データ，リソースなどを確実にしておくことなども含まれる。また，もっとさかのぼった時点での問題や条件，たとえば設計に関する意思決定（ボーイング社のドリームライナーのリチウム電池の使用が一つの例である[*3]）をも含

[*3] 訳注：p.92 参照。

む。同様に，システムのライフサイクルの後期に発生すること，たとえば長期間にわたる環境に対する影響などにも目を向けなければならない。さらに，システムに生じうる解体，廃棄，退役，そしてその後に続くあらゆる事柄についても考慮する必要があろう。(このことは，原子力プラントにおいては既知の問題であるが，他の多くの産業においても，ローカルまたはグローバルな環境に対してエコロジカルな「足跡 (footprint)」を多かれ少なかれ残すことを考えれば，十分に当てはまることである。) 運用中の意思決定は，後々にまで影響を及ぼす可能性があり，システムの管理 (安全，品質，生産性に関する管理) においては，そのことも考慮しなければならない。

組織の階層やレベルの数

システムのライフサイクルにおいて，以前に何が起こり，以後に何が起こるのかを考慮しなければならなくなったということは，結局，開発から解体までの時間的スパン全体で，現場でのオペレーションと関連のある他の階層，他のレベルで起こることを考慮しなければならなくなったということに他ならない。このことは，以前述べたことであるが，1990 年代にシャープエンドとブラントエンドの概念が導入されたことからもわかるように，すでにある程度は認識されてきた。

シャープエンドとは，何かが起こったとき，その現場にいる人たちのことである。一方，ブラントエンドとは，現場から「時間的・空間的に離れた」人たちのことである。これらの用語は，どのように事故が起こるのかをより適切に説明するために導入されたものだが，どのように業務がなされるのかの理解を促す手段として用いてもまったく問題はない。ただし，そのためにはもう少し用語を充実させる必要がある。シャープエンドで発生する現場でのオペレーションは，当然，オペレーション層よりさらに「上」の階層で生じたことの影響を受ける。この「上」の階層で生じたことというのは，すなわち作業自体，作業標準，作業配分，質，量，作業のアウトプットのタイプ，機器設備の保守 (および人材の能力)，組織文化などに対する細かな計画を意味する。当然，考慮の範囲をさらに上の階層に広げていくと，遅かれ早かれ組織のトップに行き

着くし，さらには経営陣，株主，規制機関などにまで及ぶことが想像される。同じように，日々のオペレーションをうまく回していけるかどうかは，当然，「下」（意思決定の範囲と効力が小さいという意味においてであるが）の階層，すなわち，たとえば現場での保守活動，資源調達，「下準備的な」作業（掃除や基本的資源の更新などの比較的単純な作業），代替部品や予備設備の確認などによって影響を受ける。「上」「下」いずれの場合も，このことは現場でのオペレーションより前に発生するが，直接的に関係していることである。

境界：拡張または水平結合

　3つ目の側面である「拡張（extension）」は，システムとその環境との間の関係を扱うものである。そのため，これまでの話とはやや異なる。環境は，均一的な存在でもなければ受動的な存在でもない。環境それ自体も実は他のシステムで構成されている。（つまり，「システム」も「環境」も，ゲシュタルト心理学で言われるところの視覚における図と地の概念のように，どこに焦点を当てるかによって異なってくる。）

　「システム」と「環境」の関係は，システムのオペレーションが，その前に起こったことから影響を受け，またその後に起こることに影響を及ぼすのと同じ意味で，時間的な概念である。以前に起こったことで，システムに対して影響を及ぼすものを，上流イベントと呼ぶ。一方，以後に起こることで，システムのオペレーションによって影響を受けるものを，下流イベントと呼ぶ。（ある意味では，ブラントエンドはシャープエンドに対してつねに上流にある。ただし，シャープエンドとブラントエンドの区別には，時間的な関係以上の複雑なものがある。）

　2011年3月11日の東日本大震災に関連して，水平結合の説明を試みたい。地震およびその後の津波が及ぼした影響について，多くの関心が，福島第一原子力発電所にもたらされた事柄に集中しているが，その一方，別の影響も存在した。大手自動車メーカーのトヨタは東北地方に多くの工場を持っていたため，地震によって大きな影響を受けた。それは，単純に生産拠点が被害を受けたというだけでなく，サプライチェーンも破壊された。今日の製造プロセスで

は，部品と資材がオンタイムで到着するように上流の調達源からの安定した流通が不可欠で，この流通の途絶は致命的である．したがって，このような依存関係では，流通の途絶をできるだけ防ぐため，上流での発生イベントまで含むようにシステムの境界を広げて考える必要がある．同様に，オペレーションにおいて望ましくない事柄を防ぐためには，下流での発生イベントまで含むようにシステムの境界を広げて考える必要があろう．

　まとめると，ローカルシステムとその他のシステムとの機能的依存性について考慮した上で，その依存性および脆弱性を理解するための手立てを打つことが必要になる．わかりやすく言えば，図 6.4 の小さな立方体で表されるローカルから，大きな立方体で表されるグローバルまで，システムの範囲を広げて考えることが必要となってきていると言える．

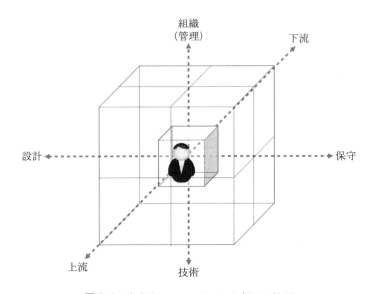

図 6.4　安全性にフォーカスした視野の拡張

システムとその環境の境界の定義に関して，チェックランドの提案（Checkland's recommendation）[*4] に従い，そしてまた，環境は他の多くのシステムのパフォーマンスによる最終的な結果と解釈できることを考えたとき，表 6.1 はいくつかの実用的ヒントを与える。

表 6.1　システム境界の実用的な定義

	他のシステムの機能が，着目するシステムの管理に大きな影響を及ぼす場合	他のシステムの機能が，着目するシステムの管理に影響を及ぼさない場合
他のシステムが，着目するシステムによって，効果的に管理される場合	1. 他のシステムを着目するシステムに含めるべき（境界内）	2. 他のシステムを着目するシステムに含めてもよい（境界内）
他のシステムが，着目するシステムによって，効果的に管理されない場合	3. 他のシステムを着目するシステムに含められない（境界外）	4. 他のシステムを着目するシステムから除外すべき（境界外）

結果として，今日，安全について考えるとき，その議論の範囲は往年に比べてより大規模でより複雑なシステムを対象としなければならない。考慮すべき細目は膨大であり，運転モードは十分には理解されず，機能は複雑に結合し，システムはその状態を記述するよりも早く変化しているので，結局，多くのシステムは明確には定義されず，扱いにくいもの（intractable）になる。こういったシステムでは，作業や活動を詳細に規定することは不可能である。したがって我々は，WAI（行うことが期待された作業）と WAD（実際になされた作業）が一致するという概念を捨てなければならない。反対に，作業を成功させるためには，パフォーマンスは固定的であるよりむしろ可変で柔軟でなければならない。実際，作業システムを完璧に記述することが難しくなればなるほど，より多くのパフォーマンス変動が必要となるのである。

[*4] 訳注：Peter Checkland が提唱したソフトシステム方法論（SSM）のことを指すと思われる。SSM ではシステムを，対象問題の認識のための方法，手段と位置付ける。

6.3 扱いやすいシステムと扱いにくいシステム

　システムが制御可能なものであるためには，システム内部でいま何が起こっているのかを知るとともに，システムおよびその機能に関する十分に明確な説明，仕様を知っておく必要がある．同じことが，システムを分析する要件としても言え，これらを満たしていればリスクアセスメントが可能になる．これらの要件の重要性は，逆を考えれば明白であろう．システムに関する明確な説明や仕様を知らない場合，またシステム内部でいま何が起こっているのかを知らない場合，システムを効果的に制御することは不可能であるし，リスクアセスメントについてもまた同じことが言える．扱いやすいシステムと扱いにくいシステムという観点からも，要件を満たすシステムとそうでないシステムを区別することができる（表 6.2 参照）．システムの各機能の原理がわかっており，システムの説明がわかりやすく，詳細な事項もほとんどなく，そしてとくに重要なことだが，システムがその状態を記述している間に変化しないならば，そのシステムは扱いやすい．例として，組立ラインや郊外の鉄道などが挙げられる．反対に，機能の原理が部分的にしかわからず（極端な場合，まったくわからず），システムの説明にも詳細な事項が多くて複雑で，さらにシステムの状態を記述している間にそれが変化してしまう場合，そのシステムは扱いにくい．

表 6.2　扱いやすいシステムと扱いにくいシステム

	扱いやすいシステム	扱いにくいシステム
細目数	詳細な事項がほとんどなく，説明がわかりやすい	詳細な事項が多く，説明が複雑
わかりやすさ	機能の原理がわかっている	機能の原理が部分的にわからない
安定性	システムの状態を記述している間に，それが変化しない	システムの状態を記述している間に，それが変化する
他のシステムとの関係性	独立	相互依存
制御可能性	高い，制御しやすい	低い，制御しにくい
わかりやすいたとえ	クロックワーク（機械的な仕事）	チームワーク（チームでの仕事）

例として，自然災害後の非常時管理や，もっとわかりやすい例として，金融市場などが挙げられる。

　取り扱いやすさの定義から直接的に言えることは，扱いにくいシステムは仕様も不明確ということである。予測可能性には限界があるし，何をすべきかを完全に規定することも不可能である。もちろん，仕様の不明確さというのは，人間とシステムにおける組織的な部分に限った問題である。技術的な部分は，それが機能するには完全な仕様がなくてはならない。エンジンや機械は，すべての構成要素がどのように機能し，どのように構成されているのかという記述があって初めて機能する。その意味では，技術的なシステムのパフォーマンスは，各構成要素がもたらす結果である。技術的なシステムは，想定外の変動がないという意味で環境が完全に規定され，願わくはそれが一定であれば，自律的に機能する。

　しかし，完全な技術的仕様を社会技術システムに求めることはジレンマをもたらす。社会技術システムでは，その環境を完全に規定することはできないし，もちろん一定にもできない。技術が機能し続けるために，人間（そして組織）は，変動が大きすぎる場合には過剰な変動を吸収し，変動が小さすぎる場合には変動を与えるように，サブシステム間またはシステム-環境間のバッファ的役割を果たさなくてはならない。場合によっては，システムを部分的に切り離したり，分解したりすることによって，問題が解決することもあるが，それはどちらかと言えば少数のケースであって，今後も増える多くのシステムでは，この解決策の効力はない。

物事が機能する理由の再検討

　つまるところ，個人のレベルでも社会におけるグループや組織のレベルでも，パフォーマンスの変動は避けることができない。同時に，前節で論じたように，パフォーマンスの変動は必要なものでもある。このことは，人そして人的要因の役割を根本から変える。システム安全の歴史のなかで，人的要因は，まず技術を可能な限り最大限まで利用することを妨げるボトルネックとして，さらにはパフォーマンスを制約するばかりかリスクや過誤（ヒューマンエ

ラー）を引き起こす負の存在，脅威として考えられてきた．しかし，パフォーマンスの変動の必要性と価値を認めるならば，人的要因はシステム安全の財産であり，必要不可欠な存在となる．このような認識の変化は，何も突然現れたわけではなく，過去約15年にわたってゆっくりと拡大してきた．人間がこの役割に適うように，事故分析とリスク評価では，次のことを知っておかなければならない．

- システムは完璧ではない．したがって人間は，設計上の欠陥や機能上の故障を特定し，克服できるように学んでいなくてはならない．
- 人間は現場の要求を認識することができるし，それに応じてパフォーマンスを調節することができる．
- 何らかの手順が適用されなくてはならない場合，人間はその状況に合うように手順を解釈したり運用したりすることができる．
- 異常が発生した場合，または異常が発生しそうな場合，人間はそれを検出し，修正することができる．つまり，状況が悪化する前に介入することができる．

総じて，これらはWAIではなく，むしろWADについての話である．また，理想のシステムではなく，むしろ現実のシステムについての話でもある．このようなシステムは多くの場合，信頼性が非常に高い．それは，システムが完璧に設計されているからではなく，むしろ人間が柔軟に適応的に動くからである．このような考えのもとでは，人間はもはや負の存在ではないし，パフォーマンスの変動は脅威ではない．そうではなく，逆に，日常におけるパフォーマンスの変動は，システムが機能するために必要な要素であり，失敗の要因でありながら同時に成功の要因でもある．失敗も成功も，いずれもパフォーマンスの変動に依存しているのであれば，パフォーマンスの変動を取り除くことによって失敗を防ぐことはできない．言い換えれば，作業がどう行われるかに厳しい制約を与えることによって，安全を管理することはできないということである．

その代わりに有効となるのは，日常のパフォーマンスの変動がどこでどう結び付いて望ましくない結果をもたらす可能性があるのか，その状況を特定する

こと，そして制御不能となるおそれがある場合には介入してパフォーマンスの変動を抑えられるようにシステムの機能を継続的に監視することである．同時に，変動が有用な効果をもたらしうる状況にも注意して，それをどう管理し，強化すればよいのかを知っておく必要がある．

WAI はタスクや活動を分解して捉える科学的管理理論に由来しており，そこでは作業効率の改善への出発点としての意味を持っていた．この手法の否定できない成果とは，WAI は安全で効率的な作業のために必要かつ十分な基本であるという概念に，論理的かつ実用的な基盤を与えたことである．よって，良くない結果というものは，それに先立つ事象を考慮することによって，また，失敗した事象を同定することによって，理解されうるものとなった．同様に，安全は，詳細な指示や訓練とともに，作業の綿密な計画によって改善されてきた．このことは，手順の有効性と手順遵守の重要性が広く認識され，信じられていることからもわかる．要するに，安全は，WAD を WAI と完全に一致させるようにすることで達成するものとされてきた．

多くの組織は，複雑なタスクを，深い理解なしで実行できるシンプルな標準手順，言ってみればテイラー主義のやり方に，問題なく対応付けができると疑いもなく考えているようである（したがって，技術者の訓練や熟練技術者の育成に投資しなくてもよい）．しかし，極めて簡素化された作業は例外として，これは現実的な想定ではない．遂行される作業，すなわち WAD はシンプルではないし，WAI のように予測可能でもない．先に述べたように，つねに人間が現実の状況に合わせて作業を調整しなければならない．現実の状況は予測とは異なるし，多くの場合には大きく異なる．これが Safety-II の本質であるパフォーマンスの調整であり，パフォーマンスの変動である．この詳細は次章で述べる．WAI と WAD の違いは，1950 年代以降のフランスの労働心理学に学ぶことができる．そこで使用されている用語は，タシェ（タスク，すなわち WAI）とアクティビテ（活動，すなわち WAD）である．この区分はレジリエンスエンジニアリングの領域で極めて便利に用いられている．

WAI の考え方では，タスク単体における行動が注目されがちで，実際にはタスクを遂行するプロセスが，絶えず変化する作業状況および作業環境によってどのように形づくられていくのかには目を向けていない．例というにはあまり

適していないかもしれないが，現実の旅と地図の上で想像される旅との違いのようなものである。道路環境や交通状況，運転者に関して，実際の場面では，情報は不正確であり，状況も時々刻々と変化するため，それに対する無数の意思決定が行われる。しかし，机上の旅の場合，それらのことは無視せざるをえない。地図は非常に便利だが，変化する状況が目の前に示されたとき，それをもとにそのときそのときの意思決定をどう下すのか（そしてもちろん，その意思決定がまた状況を変化させるわけだが），そのことに関する視点はほとんど与えてくれない。旅が複雑になればなるほど，地図は現実の旅をするのに必要なものを包み隠してしまう[*5]。

　結論として，今日を象徴する複雑化した環境では，WAD が WAI とは大きく異なると言うことができる。WAD は，人間が対応しなければならない現実を反映する。したがって，WAI について持っていた我々の概念は，すべて間違っているとは言えないまでも，不適切であると言わざるをえない。このことは，安全工学，ヒューマンファクター，人間工学，それらの本流を構成してきたモデルや方法論に，深刻ではあるが健全な課題を突きつける。我々は，この課題に真正面から対峙しなければならない。そうすることをせず，過去のモデルや理論，手法を使って現在の問題を解決しようとしたならば，意図せずとも未来に対して新しい課題をつくり出してしまうことになるかもしれない。

《第 6 章についてのコメント》

　1992 年にダン・ゴールディングが NASA の長官になった際，彼は「より早く，より良く，より安く」と称されるアプローチをスペースシャトルに導入した。「より早く，より良く，より安く」の原則は大きな論争の的となり，総じて非現実的とされた。これは Woods, D.D. et al. (2010), *Behind Human Error*, Farnham: Ashgate のなかで論じられている。

　1948 年にサミュエル・リリーは *Man, Machines and History*, London: Cobbett Press という文献のなかで，技術の開発と使用に関して，独自の，かつ興味深い

[*5] 訳注：WAI の難点を明快に指摘している。

分析を示した．相対的発明率（relative rate of invention）が意味することを感覚的につかむために，ルネサンス期のこの値は 0.11 と見積もられた．つまり，毎年，新しい技術という形でおよそ 10％ の貢献があったということになる．1900 年頃の値は約 0.6 と見積もられている．今日その値はいくらであるかは誰にもわからない．ムーアの法則は，ゴードン・E・ムーアにちなんで名づけられている．彼は 1965 年，フェアチャイルド・セミコンダクターズで働いていたが，1968 年に退職し，インテルの創設者の一人になった．上記の推測問題は Moore, G.E. (1965), Cramming mode components onto integrated circuits, *Electronics Magazine*, 114–17 のなかで論じられている．

システムストレッチの法則は，さまざまな方法で表現されている．たとえば，「どのようなシステムも，最大限の能力で稼働するために限界まで拡張される．新しい技術の導入という形で改良が行われれば，またすぐ，さらなる強度とさらなる速度を達成するためにそれが活用される」などである．これは Woods, D.D. and Cook, R.I. (2002), Nine steps to move forward from error, *Cognition, Technology & Work*, 4, 137–44 のなかで論じられている．

ノーバート・ウィーナーの言葉は Wiener, N. (1954), *The Human Use of Human Beings*, Boston, MA: Houghton Mifflin Co から引用されている．この本は 60 年前に書かれたにもかかわらず，いまでも十分に読む価値がある．数年後，ウィーナーは「ガジェット崇拝者，すなわち人類の限界，とくに人が不確実であり予測不可能であるという限界を我慢できない人」について著した（Wiener, N. (1964), *God & Golem, Inc.: A Comment on Certain Points Where Cybernetics Impinges on Religion*, Cambridge, MA: MIT Press）．これは，すべての問題には，技術的解決（ガジェット）が存在すると考えている人についての議論である．「解決主義（ソリューショニズム）」という現代的な考え方に似ている．解決主義は，E・モロゾフが，2013 年 3 月 2 日付のニューヨーク・タイムズ紙に掲載された「完璧さの危機」のなかで，「我々がいますぐパッと使えるわかりやすいきれいな技術的解決策によって「解ける」かどうか，その単一の尺度だけに基づいて，問題を問題として認識する知的病理学」として定義している．解決主義は，実際には 2 通りに具現化される．一つは，問題を独立して扱えるかのように一つずつ解いていき，解決するというパターンである．

もう一つは，技術以外の解決策はたいてい「わかりやすく」も「きれい」でもないため，好ましい解決策は，社会技術よりむしろ技術であるとするパターンである。

　WAI と WAD を区別することの重要性に関する現代の理解についての記述は Laplat, J. and Hoc, J.M. (1983), Tache et activite dans l'analyse psychologique des situation, *Le Travail humain*, 3(1), 49–63 によるものである。フランスの人間工学の文献で初期の参考資料として挙げられるのは Ombredane, A. and Faverge, J.M. (1955), *L'analyse du travail*, Paris: Presses Universitaires de France である。

　最後に，ピーター・チェックランドのシステム理論とシステム思考に関する文献は Checkland, P. (1999), *Systems Thinking, Systems Practice*, New York: Wiley である。

第 7 章
Safety-II を構築する

　Safety-I を脱構築する目的は，その前提がいまもなお妥当かどうかを確かめること，すなわち Safety-I が提供する視点が妥当かどうかを確かめることであった。Safety-I を脱構築することによって，その現象論は，有害な結果，事故，インシデントなどに言及していること，原因論は，シンプルなものであれ複合的なものであれ有害な結果は原因–結果の関係によって説明できることを前提としていること，そして存在論（オントロジー）は基本的に機能しているか不具合を起こしているか，いずれかであることを前提としていることが明らかになった。

　Safety-I の脱構築に引き続いて，第 6 章では，作業環境がこの 20～30 年の間に劇的に変化しているため Safety-I はもはや有効ではないことを議論した。第 6 章では，そのような変化がなぜ，どのように起こったのかについてより詳しく説明するとともに，この新しい現実が及ぼす影響について説明した。

　第 7 章の目的は，第 5 章で説明した脱構築のプロセスを逆にたどることによって，現在あるいは近い将来に対処しなければならない世界に対し，安全に関する有意義な考え方を構築することである。この新しい（安全に対する）考え方のことを，別に驚くほどのことではないが，「Safety-II」と呼ぶことにする。Safety-II の構築は Safety-I を脱構築したプロセスの逆になるので，まず Safety-II の存在論から始め，次にその原因論を検討し，最後に Safety-II の現象論を議論する。

7.1 Safety-II の存在論

すでに議論したように，我々の欲するところに反して，ますます多くの作業場面が扱いにくくなっている。この理由の一つは，皮肉なことに，設計変更の結果，あるいは安全や品質，生産性などを改善するなどの善意の介入がもたらす結果について，それを予見する能力，すなわち自分たちのすることを完全に理解することに我々の能力には限界があるからである。

意図された結果とは，大体において希望的観測であり，世界の仕組みの単純化しすぎた理解に基づいている。（たとえば，医療，公共交通，金融，国内あるいは国際政治におけるこれらの例は枚挙に暇がない。）産業分野では，人も含むすべてのことは，想像どおりに，思っているとおりに動くものと基本的に思い込まれている。意図しない結果，あるいは副作用は，（必要とされる）想像力の欠如や，アメリカの社会学者であるロバート・マートン（Robert Merton）（1936）の言うところの"意図しない結果の法則（law of unintended consequences）"[*1] のために，多くの場合は見落とされる。（別の説明をすると，人が一生懸命仕事をしようとするときは ETTO の原理でいう効率性と完全性のトレードオフが生じる。）

実際，何が起こっているかを理解する難しさは，扱いやすさ−扱いにくさ（tractability-intractability）を特徴づける次元の一つである。この問題は，30年前に英国の心理学者であるリザンネ・ベインブリッジ（Lisanne Bainbridge）が自動化に関する議論で，「オペレータを排除しようとしても，設計者がどのように自動化するのかを考えつけないタスクは，依然オペレータに委ねられる」として指摘している。この議論は自動化設計においてのみ成り立つ話ではなく，業務仕様や作業場の設計においても広く当てはまる。

完全に理解している状況に関しては作業の詳細を明示することができるが，そのような状況はほとんどない。残りのほとんどの場合は作業の詳細を明示できないので，人間のパフォーマンスの変動が必要とされる。たとえ作業環境を

[*1] 訳注：Merton, R. K. は，意図しない結果がもたらされる原因として次を指摘している。（law of unintended consequences）①無知のために分析が不完全で予見漏れがある，②過去にあったが現在にはあてはまらないと考える傾向，③長期の利益を無視する短期的な利益，④長期的にみると好ましくなくとも，ある行為を要求する，あるいは禁止するといった価値観，⑤問題が生じる前に，人々に解決策を見いださせようとする結末に対する恐怖。

隔離し，固定しようとあらゆる努力をしても，パフォーマンスの調整が必要とされない状況は，新生児集中治療用の無菌室や電子チップが製造される超クリーンルームなどの例を除くと，実際にはほとんど存在しない。たとえ，王宮の前で行われる衛兵の交代のように極めて規則的な軍隊行動であったとしても，衛兵たちは風や天気，大胆な旅行者に対して適応する必要があるだろう。作業状況がより複雑，あるいはより扱いにくくなればなるほど，（作業の）詳細はより不確かになり，パフォーマンスの調整がさらに必要とされる。（このことは，より多くのことが人間の経験や能力に任され，人工物の能力に任されることがより少なくなることを意味する。）

　Safety-II の存在論は，多くの社会技術システムがあまりにも複雑になってしまったため，作業状況の詳細がいつもあいまいで部分的に予測不可能であることと矛盾しない。ほとんどの社会技術システムはその複雑性を理解することが困難なため，作業条件は事前に規定，明示されたものとは，多くの場合，異なる。このことは，状況に合致するように仕事（タスクやツール）を調整させることなくそれらが行われることは，まったくではないにしても，ほとんどないことを意味している。

　パフォーマンスの変動は，当たり前かつ必要なだけでなく不可欠なものである。（パフォーマンスの）調整は人間（個人や集団）だけでなく，組織そのものによってもなされる。組織の上から下まですべての人が（リソースや要求といった）現状を満たすように行動を調整しなければならない。作業リソース（時間，情報，材料，道具，人々の存在や利用可能性など）は限られているため，そのような調整は完璧というよりはむしろつねにおおよそのものである。この近似性は，理想的になされるべきことあるいは「完璧」な調整と，実際になされることとの間には，必ず小さな相違があることを意味している。しかし通常はこの相違は十分小さいものなので，負の影響を与えることはなく，後の行程の調整で埋め合わせ可能となる。この相違が自分の仕事のなかにあるか，他人の仕事のなかにあるかはほとんど関係ない。

　パフォーマンスの調整を必要とする条件のために，パフォーマンスの調整が近似的にならざるをえないことは，ある意味，皮肉なことである。言い換えると，もし作業環境に十分な時間や情報その他があれば，パフォーマンスの調整

は必要とされないであろう。（このことは，退屈や人間の創造性といった別の理由によってパフォーマンスの調整が起こる可能性があることを除外はしない。）しかし実際には「リソース」が十分でないためにパフォーマンスの調整が必要とされ，このことはその調整が完璧あるいは完全なものではなく，おおよそにならざるをえないことを意味する。

よって，Safety-II の存在論は，人のパフォーマンスは，個人であれ集団であれ，つねに変動しているということである。このことは，それがうまくいったとか失敗したとか，正しく機能したとかそうでなかったといった観点からは，要素を特徴づけることはできないし意味もないことを示している。すなわち，2 モード性の原理（bimodality principle）に基づく Safety-I は時代遅れなのである。

しかし，パフォーマンスの変動は「パフォーマンスの逸脱」「違反」「不履行」のようにネガティブに解釈されるべきではない。それどころか，パフォーマンスを調整する能力は WAD（実際になされた作業）に不可欠である。それなしには取るに足りないような小さな活動すら行うことができないだろう。そして現代社会（先進工業国であれ途上国であれ）の営みを支えるために必要となる複雑な活動の集まりやネットワークを手に入れることは，おそらくはできないこととなるだろう。

7.2　Safety-II の原因論

原因論とは物事がどのように起こるかについての記述，あるいはむしろどのように起こるかについての仮定である。原因論は観察されることや起こったことの意味を理解し扱うための「メカニズム」，すなわち簡潔な説明である。原因論は存在論の観点から現象論を説明する方法でもある。

システムあるいは世界全体で何かが起こるときや，予期しないこと，予期しないアウトカムが起こったときは，いつでも説明が探される。多くの場合，説明はシステムがどのように機能するかについての一般的な理解に左右されるが，これは説明には分解や因果律が含まれていることを意味する。そのような場合，アウトカムはシステムの「内部」作用の生み出すもの（result）と言

われ，専門的には「結果として生じた帰結（resultant）」と呼ばれる。しかし，Safety-II の存在論は，2 モード性の原理ではなくパフォーマンスの調整やパフォーマンスの変動に基礎を置くため，その原因論は Safety-I で用いられている因果や原因−結果の線形伝播のような単純な原理ではありえない。

　大部分の望ましくない事象に関する説明は実際のところまだ，少なくとも完全性と効率性のトレードオフとして，構成要素やシステムの正常機能の故障や誤動作の観点から表現されている。多くの望ましくない事象には重要でないものも含まれており，それゆえ詳細な分析の対象にならずに，ニアミスやインシデントのように軽く扱われる（先に議論したピラミッドモデルのように単純化されすぎてはいないものの）。（滑走路への誤進入や床ずれのような）あまり深刻でない事象が（航空機のニアミス（airproxes）や手術箇所の間違いといった）より深刻なものよりも数がはるかに多い理由は，単純に，ほとんどのシステムは，念入りなバリアや防護システムによって深刻な問題からは守られているからである。定期的に起こるかもしれない深刻な有害事象に対しては，より徹底した予防措置がとられ，より注意が払われる。

　しかし，このようなトレードオフが受け入れられないケースや，既知のプロセスや事象展開によって何が起こるか説明することができないケースが増えている。それでも何が起こったかを説明することは可能であるが，それは異なる種類の説明になる。そのようなケースでは，結果は帰結（resultant）というよりはむしろ「発現（emergent）したもの」（浮かび上がってきたもの，現れ出てきたもの）といわれる。「発現」の意味は，何かが「魔法のように」起こるという意味ではなく，ただ単に，線形な因果関係の原理を用いて説明できないような方法で生じることを意味する。確かにそれは因果の観点から説明することが不適切（おそらく不可能）であることを示唆している。これは部分的にあるいは全体として扱いにくい（intractable）システムの場合に典型的なことである。「発現」という言葉は，知られる限りでは，英国の哲学者 George Henry Lewes（1817–1878）によって初めて使われたものである。彼は発現的効果について，それは加法的なものではなく，個々の要素に関する知識によって予測可能でもなければ，それらの要素に還元もできないと説明した。いまの言葉でいうと，この効果は非線形で，背後にあるシステムが部分的に扱いにくいこと

を意味する。

結果として生じるアウトカム（Resultant Outcomes）

何がどのように起こったかについての典型的な説明の方法は，影響からその原因を，根本原因に到達する（あるいは，お金と時間を使い果たす）までたどることによるものである。これは図 7.1 に示す特性要因図（fishbone diagram）のような表現で説明することができる。

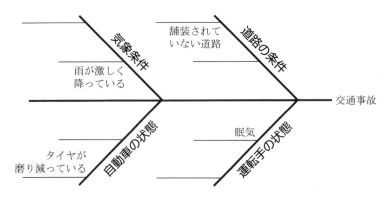

図7.1　特性要因図（結果として生じたアウトカム）

何事も起きたことは，そこに影響あるいはアウトカム，観察可能な何らかの変化（時に遷移や状態変化として説明される）があるという意味で，明らかに現実である。アウトカムは，ラップトップのバッテリーが切れたとか，レポートは報告されたとか，パイプは水漏れしているとか，あるいは問題は解決したといったことかもしれない。別なアウトカムは，患者のおなかのなかに忘れられたスポンジ，転覆した船，あるいは金融破綻かもしれない。古典的な安全に関する考え方は，原因は結果同様に現実であることを前提とし，このことが原因はさらに一つ前の原因の結果であるという論理によって意味付けされる。したがって，事故やインシデント調査の目的は，事故やインシデントの展開を観察可能な結果からその原因を逆向きにたどることである。同様に，リスク評価

とは原因から可能性のある結果への展開を順方向に予想することである（図4.1，4.2 参照）。

簡単な例として交通事故調査を挙げる。たとえば，自動車が道を外れて木に衝突したとする。事故調査は次のような理由が重なったために事故が起きたと結論付けるかもしれない。道路が十分に補修されていなかった，運転手が疲れていて眠かった，タイヤが磨り減っていた，雨が激しく降っていた。このような条件が事故当時に存在したと仮定するだけでなく，この仮定は経験的に確認，検証できるかもしれない。なぜなら，いくつかの条件は事故後も同様に存在している可能性があるからである。壊れた車両は検査することが可能なので，タイヤの状態は確認できる。道路表面に関しても同じである。また，気象台に問い合わせて当時の気象がどうだったか知ることができる。さらに，事故前の 12～24 時間に運転手が何をしていたかを調べれば，当時運転手が眠かったかどうかの可能性を見積もることは可能であろう。言い換えると，結果も原因も別々に検証可能という意味で「現実」であり，アウトカムがこれらの原因の結果であったと間違いなく言うことができる。原因が現実であることは（同様の推論にしたがって）それらをさらにさかのぼることが可能であり，そこで原因を取り除いたり，隔離したり，原因（むしろそれらの結果）から防護したりといった，何らかの対処が可能となる。

発現するアウトカム（Emergent Outcomes）

アウトカムが発現したものである場合，原因は現実というよりも，とらえどころがないものとなる。もちろん（最終的）アウトカムは，結果として生じたことと同様に，不変であるか不変の跡を残す。そうでなければ何かが起こったということを知ることができない。さらにアウトカムは，それが起こったときだけでなく，その後しばらくは認識可能でなければならない（このことはしばしば非常に重要である）。しかし，アウトカムを引き起こすものに関してはそうとは限らない。アウトカムは，過渡的現象のせいかもしれないし，ある条件の組み合わせによるのかもしれない。あるいはある時，ある場所でのみ存在した条件が原因かもしれない。これらの組み合わせや条件は同じように他の過渡

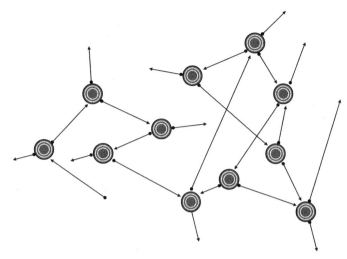

図7.2　発現するアウトカム

的現象などによって説明されるかもしれない．ゆえに，観察されたアウトカムを説明するための組み合わせや条件は「発見される」というよりも，むしろ構築されたり，推定されたりするものである．アウトカムが発現したものである場合，「原因」とはある時点で存在したパターンを意味しており，このパターンは永続的痕跡を何も残さない．そのため，アウトカムは特定の構成要素や機能へと，さかのぼることができない（図7.2）．

　発現するアウトカムは予期しない，かつ意図しないパフォーマンスの変動から生じると理解することができるが，ここでの支配原理は因果律ではなく共鳴である．このことを Safety-II の存在論と関連付けると，すべてのパフォーマンスの調整は，そのアウトカムに気づくことはできるが，調整自体は許容可能なレベル，大きさの範囲内（現実的には小さすぎて気づくことができないレベル）であることを意味する．結果とそれに先立つこと（の大きさ）が比例しないことが，発現するアウトカムを非線形と表現する理由の一つである．また，（非線形であることは）変動を制約することではなく，変動を制御すること（監視（monitoring）と減衰（damping））によってのみ望まれない結果を防ぐことができる理由である．

発現の原理は，ある条件がある時点で存在したともっともらしく主張できたとしても，決してそれを完全に確信することはできないことを意味する。しかし，日々のパフォーマンスの変動は，いつも何らかの変動があるという意味では「不変」である（例：Safety-II の存在論に関する議論）。ただし，このパフォーマンスの変動（すなわち日々のパフォーマンスの調整）は 2 モード性の意味で失敗や機能不良を構成しないので，望まない結果を説明するための（選択的）要因として用いることはできない。パフォーマンスの変動は，一方で，ランダムというよりは規則性があるものである。

これによって望まない結果の大部分を予測することが可能になり，パフォーマンスの変動を安全分析の基盤として利用できる根拠が与えられる。通常のやり方ではパフォーマンスの調整に何かの措置をすることはできないとしても，その条件が十分に標準的で頻発するものなら，パフォーマンスの調整が発生する必要条件を制御することは可能かもしれない。もちろん，さまざまな防御や予防策を考案することでそのような条件を防ごうとすることも可能である。

共鳴（Resonance）

発現は因果関係の観点から説明できないが，どうにかしてそれを説明する方法は必要であるため（それを「発現」と呼ぶことに満足していないで），何らかの実践的原理は必要となる。幸い，実践的原理はおおよそ手に入れることができる。それが機能共鳴という考え方である。機能共鳴については他の書籍で紹介，説明されているので，興味のある読者はそれを参照されたい[*2]。機能共鳴分析手法（Functional Resonance Analysis Method：FRAM）は，ある特定の状況で生じるシステムの機能間依存性や結合性の様子をマッピングするものである。

物理システムでは古典的（機械的）共鳴が知られており，数千年にわたり利用されてきた。共鳴とは，システムがある周波数においてより大きな振幅で振動する現象のことを指す。これらの周波数はシステムの共振周波数と呼ばれて

[*2] 訳注：p.158 参照。

いる。この周波数においてはほんの小さな外力が繰り返し加えられることによって大きな振幅の振動が生じるが，この振動はシステムを損傷したり破壊したりする可能性がある。古典的共鳴のほかに，確率共鳴はランダムノイズがどのようなときに潜在する信号を検出閾以上に増幅するかを説明する。（確率共鳴の起源は比較的新しく，1980年代の初めにはじめて報告された。）

確率共鳴の結果は非線形であるが，このことはただ結果が入力に対して直接比例しないという意味である。（確率共鳴の）結果も生じる（発現する）が，古典的共鳴が生じるのに時間がかかるのとは異なり，確率共鳴の結果は瞬時に生じる。

機能共鳴は，発現効果がランダムノイズではなくおおよその調整（approximate adjustments）に基づいているので，確率共鳴とも異なる。社会技術システムにおけるパフォーマンスの変動とは，人間（個人および集団）として，ならびに組織としてのおおよその調整のことであり，この両方が日々の機能を構成している。このおおよその調整は意図的に行われ，少数のショートカットやヒューリスティックスに依存しているため，人々の行動の仕方や予期しない状況（他人の行動に起因するものも含む）への対応の仕方には驚くほど強い規則性が存在する。

パフォーマンスの変動は単に受動的（reactive）なものだけではなく能動的（proactive）なものもあり，それがおそらくより重要である。人は他人の行動に応えるだけでなく，他人がするであろうと期待していることにも反応する。ゆえに，おおよそ調整はそれ自体，個人あるいは集団としてなされた他人の行為への反応と予測の両方に基づいてなされる。各人の行為は，当然ながら他人にとって（受動的または能動的に）対応すべき状況の一部となる。

これによってシステム内で依存性が生まれ，それを通じての機能の結合が生じる。機能のパフォーマンスの変動も同じく結合する。（もちろん人はプロセスの展開やその予測，機械の振る舞いにも対応するが，この場合，相互の調整はない。言い換えると，プロセスは運転員が何をするか「期待」することはできない。）

発現は，重大事象だけでなく，あらゆる種類の事象に見られる。重大事象でよく注目される理由は，事象があまりにも複雑すぎて線形的な説明ができない

からである．そのため，発現（という考え方）が少なくとも現時点においては代替する唯一の説明原理となっているのである．しかし，発現は重大でない数多くの事象にも存在する．ただ実際に力が注がれるのは重大事象の分析であるため，通常は気づかれない（無視される）．そのため，受け入れ可能な唯一の（根本）原因が見つけられないときに，発現（による説明）が，いわば表に押し出されるのである．

　ひとたび発現による説明が受け入れられると，（次は）どうやって発現した結果を観察できるかという問いが通常なされる．しかし，このような質問は問題の核心を誤解していることを意味する．結果は確かに観察可能である．しかし，それらが発現的かそうでないかは，どのような説明を見いだすことができるか，あるいはどのような説明に満足するかという問題である．発現は何か目に見えるものではなく，それは Safety-II の原因論に属するものであり，現象論に属するものではない．

7.3　Safety-II の現象論

　物事ができる限り悪い方向に進まなかった状態のことを Safety-I と定義したように，物事ができる限りうまくいく状態，あるいはできるならばすべてがうまくいく状態のことを Safety-II と定義する．レジリエンスのアナロジーでは，Safety-II を，意図した結果や受け入れ可能な結果（言い換えると，日々の活動）ができる限り増えるように想定状況下でも想定外の状況下でも同じようにうまくできる能力と定義することもできる．

　このような Safety-II の定義は 2 つの問いを導く．最初の問いは，どのように，あるいはなぜ，物事は正しく進むのか，あるいは，どうやって我々は物事が正しく進む理由を理解できるのかという問いである．この問いには，すでに Safety-II の存在論によって回答した．また実際にはこの本を通して，パフォーマンスの調整や変動が日々のパフォーマンスの成功の基盤であることを議論することによって回答した．その他にも，ETTO 原理の説明といったいくつかの著書のなかでもすでに回答している．

　2 番目の問いは，我々はどうやって正しく進んでいることを理解できるかと

いう問いである。Safety-II の現象論とは日々の作業のなかで見いだされるあらゆる結果，すべての良い，悪いあるいは厄介な結果のことである。2番目の問いには，最初は第3章の習慣についての議論において，またその後の図 3.1 に関する議論において，すでに言及している。そこでは，物事が正しく進むことはつねに起こっており（習慣），また，説明するためにすぐに利用可能な分類や語彙がないため，それらを認識することは困難かもしれないと指摘した。

どれがうまくいっているかを認識することの難しさはシャーロック・ホームズとスコットランド警察のグレゴリー警部との会話に見ることができる。小説に出てくる探偵のなかで，シャーロック・ホームズは他の人が見ないもの，あるいは見たとしても重要だとは思わないことに気づくことで有名である。その会話は短編小説「Silver Blaze」のなかに見られる。この話は，重要なレースの前夜に消えた有名な競争馬と，殺害されたその馬の調教師の話である。調査の間に次の会話がなされた。

> グレゴリー（ロンドン警視庁警部）：「他に何か，私が注目すべしということはありますか？」
> シャーロック・ホームズ：「夜中にあった，番犬に関する興味深い出来事です。」
> グレゴリー：「その番犬は夜の間，何もしていないが。」
> シャーロック・ホームズ：「まさにそのことが興味深い出来事です。」

ここでのポイントは，何か誤ったことに気づく（知る）ことができるのは，日々の出来事のなかで何が起こるべきだったかを知っているときだけだということである。どのように物事が通常どおりになされる（日々の作業）のか理解することは，物事が（潜在的に）悪いかどうかを知るための必要条件である。この例では，シャーロック・ホームズは，番犬は不審者に遭遇したら吠えるということに気がついた。番犬が吠えなかったということ（興味深い出来事）は，厩舎に侵入した（Silver Blaze を盗み出した）人は見知らぬ人ではなかったということである。

よく知られているように，カール・ワイクは信頼性（の効果）が気づかれない理由を部分的に説明するために，信頼性とはダイナミックな無事象（dynamic non-event）（第1章を参照）であると提案した。しかし，安全マネジメントの

ためには，事象（event）よりも無事象（non-event）のほうがはるかに重要である．物事がうまくいくことは悪くならないことよりもより重要（であるべき）だ．これらはまったく異なるプロセスの結果であることから，この 2 つの状態は同義語ではない．

物事がうまくいく理由は，我々がそうしようとし，物事がどのようにうまくいくのか理解しており，物事がうまくいき続けるために可能な限り最も良い条件を確保しようとするからである．物事がうまくいかない方向に進まない理由は，我々がそうならないようにしている，つまり想定される原因に注目しているからである．前者の場合，出発点は成功に注目することである．これは Safety-II の考え方である．一方，後者の場合は失敗に注目している．すなわち，Safety-I の考え方である．

Safety-II において，失敗（物事がうまくいかないこと）がないことは積極的な関与の結果である．これは無事象としての安全ではない．なぜならば，無事象（non-event）は観察することも計測することもできないからである．Safety-II は成功（物事がうまくいくこと）があることで特徴付けられ，成功がたくさんあればあるほど，システムはより安全となる．言い換えると，安全とは何かが起こらなかったことではなく，むしろ何かが起きたことである．何か起きたことならば，（無事象（non-events）とは対照的に）それは観察，計測，管理することができる．よって，システムの安全を保証するためには，システムがどのように失敗するかよりも，むしろどのように成功するかを理解する必要がある．

7.4　Safety-II：物事がうまくいくことを保証する

技術システムや社会技術システムが発展し続けるにしたがって，システムや作業環境は，とりわけかつてないほどの強力な情報技術に魅惑され，徐々に手に負えなく（intractable）なってきた（第 6 章）．Safety-I のモデルや手法は，システムは明確に理解できかつ明確に動くという意味で扱いやすいことが前提であるため，Safety-I のモデルと手法は，要望される「安全な状態」をますます保証できなくなっている．この問題は Safety-I の道具（モデルや手法）をさら

に拡張することでは克服できないため，安全の定義を変えて，うまくいかないことではなく，むしろうまくいくことに注目することは（すでに図 3.1 によって示唆したように）道理にかなったことである．

そうすることで安全の定義は「うまくいかないことを避けること」から「すべてがうまくいくことを保証すること」に，また，レジリエンスの定義の言い換えとして，意図した受け入れ可能な結果（別の言葉では，日々の活動）ができるだけ増えるようにさまざまな条件の下でも成功できる能力へと，変更される．この定義によって，安全や安全マネジメントの基礎は，なぜ物事がうまくいくのかを理解すること，すなわち日々の活動を理解することとなる．

Safety-II では，システムが動く理由は人が作業条件に合致するように行動を調整できるからだということを明確に前提とする．人は設計上の不具合や機能故障を確認し克服できるようになるが，それは人が実際の要求を認識して，それに応じてパフォーマンスを調整したり，手順を解釈して状況に合うように適用したりできるからである．人は何かうまくいかなくなったとき，あるいはうまくいかなくなりそうなときに，それを検出し修正することもできるため，状況が重大に悪化する前に介入することができる．その結果がパフォーマンスの変動である．これは規範や標準からの逸脱と見なす否定的な意味ではなく，安全と生産性の基礎である調整を表す肯定的な意味を持つ（図 7.3）．

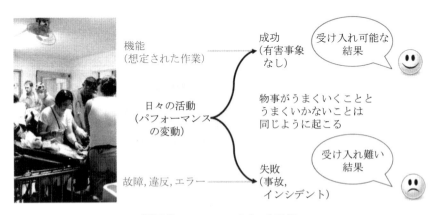

図 7.3　Safety-II の成功，失敗観

パフォーマンスの変動や調整は，社会技術システムが，それが極めてシンプルなものでない限り，機能するための必須条件である．そのため，受け入れられない結果や失敗はパフォーマンスの変動を取り除いたり抑えたりすることによって防ぐことはできない．なぜならば，そうすることで望ましい受け入れ可能な結果にも影響を与えるからである（第3章の異種原因に関する仮説を参照）．その代わりに，即興的対応やパフォーマンスの調整がなぜ，どのようになされるかを理解し，ある状況におけるリソースや制約をはっきりと説明し，行動結果を予測することを容易にすることによって，それらの活動を支援する努力を必要とする．

Safety-IIにおける有害事象の調査で逆説的なことは，まず物事がうまくいったときの状況を調べるべきだということである（図7.4）．これについては第8章でさらに幅広く議論する．パフォーマンスの変動は，もしそれが悪い方向に向かうようであれば食い止めたり，管理したりすべきだし，良い方向に向かうようなら増幅させるべきである．そうするためには，第1にパフォーマンスの変動を認識する必要があり，第2にそれを監視し，第3にそれを制御する必要がある．これがSafety-IIが言うところの安全マネジメントに期待されることである．

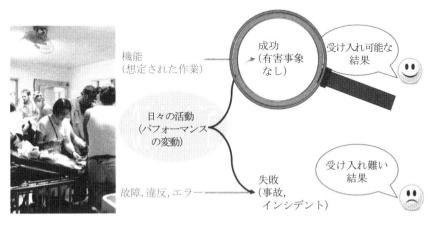

図7.4　物事がうまくいくことを理解することによって
物事がうまくいかなくなることを理解する

能動的な安全マネジメント

　Safety-II の安全マネジメントもレジリエンスエンジニアリングも，何事も結果にかかわらず基本的に同じように起こるということを仮定している。このことは，うまくいかないこと（事故やインシデント）とうまくいくこと（日々の作業），それぞれに一連の原因と「メカニズム」が存在する必要はないことを意味する。安全マネジメントの目的は，後者（うまくいくこと）を保証することであるが，この達成によって前者（うまくいかないこと）は削減される。Safety-I，Safety-II 両方ともが望ましくない結果の削減に導くとしても，これらの 2 つはプロセスのマネジメントと計測方法や，生産性と品質に大きな影響を及ぼす，根本的に異なるアプローチを用いている。

　Safety-II の観点では，安全マネジメントは対応措置だけでその目的を達成することはできない。というのも，対応措置は起こってしまったことしか修正しないからである。何かが起こる前に調整する（これは何が起こるかに影響を与える），あるいは起こらないように調整するためには，安全マネジメントはむしろ能動的（proactive）なものでなければならない。早めの対応は，事象の影響が進展，拡大する時間が少ないため，全体的に見ると労力が少なくて済むのが大きな利点である。さらに，早めの対応は明らかに貴重な時間を節約する。

　能動的な安全マネジメントのためには，何が起こりうるか受け入れ可能な確実さで予測することと，それに対して適切な手段（人とリソース）を持つことが必要である。そのためには，システムがどのように動くか，環境がどのように展開，変化するか，そしてシステムの機能がどのように依存し互いに影響を及ぼしうるかを理解することが必要となる。この理解は個々の事象の原因を探すよりも，むしろ事象間のパターンや関係を探すことで深められる。パターンを見つけるためには，個々の事象の原因探しに全力を注ぎ込むのではなく，何が起こっているのかを理解することに時間をかける必要がある。

　たとえば，悪天候が近づいてきたら「ハッチを閉める」という言い回しがある。この表現の起源は海軍にあるが，陸に住んでいる多くの人（たとえば竜巻が発生する地域の人々）や石油採掘所にいる人も嵐に備えることの重要さを学んでいる。金融の世界では，能動的な安全マネジメントは必須で，事後対応し

かできない金融機関はすぐに倒産するだろう．他の領域では，世界保健機構が2009年に発したH1N1インフルエンザのパンデミック警告に伴う予防措置は能動的安全マネジメントの別の例になる．警告が出された後，欧州やその他の政府は，必要なリソースが確保されていることを保証するために，薬やワクチンを大量に備蓄し始めた．警告は後に間違いだったとわかったが，この出来事は能動的安全マネジメントの重要な特徴を説明している．

　未来が不確かで予想した状況が起こらないかもしれないことは，能動的安全マネジメントにとって明らかにやっかいである．その場合，備えは徒労になってしまうかもしれないし，時間とリソースはむだになってしまうかもしれない．また，予測が不正確で間違っているため誤った備えがなされることも問題である．ゆえに，能動的安全マネジメントは，とくに経済的なリスクを負う必要がある．しかし，備えをしないという選択肢を採れば，何か重大なことが起こったとき，短期的にも長期的にも，間違いなくもっと費用がかかるであろう．

モノリシックな説明（Monolithic Explanations）について

　Safety-I は，状況認識，安全文化，「ヒューマンエラー」といった単一の説明を基礎としてきた．これらの原因は，何がうまくいかなかったかを説明するので，通常は状況認識の喪失，安全文化の欠如など，何かがないことに言及する．「ヒューマンエラー」は，好みの術語に応じて，ミステイクや違反といった形式のエラーの存在によって言い表されるが，これは実際にはエラーのないパフォーマンスの欠如という，何かがないことである．これらの説明が似通っているのは，単純で単一であるべき原因が存在することが必要だからである．

　これとは対照的に，Safety-II は物事がどのように進むか，日々の作業がどのようになされるかを理解，説明しようとする．ゆえに Safety-II は原因（「X は Y のせいでうまくいった」）ではなく，仕事がどのようになされたか説明する方法を探す．

　パフォーマンスの変動も，さらに言うとさまざまな種類のトレードオフも，単一の説明だという反論がありえよう．しかし，これは極めて表層的な観点においてのみ単一的であるだけである．パフォーマンスの変動はパフォーマンス

の特徴だが，それはパフォーマンスがうまくいくかいかないかには関係ない。よって変動はパフォーマンスの説明にならないか，あらゆる種類のパフォーマンスの説明になるので，原因としては使い物にならない。パフォーマンスが変動し，それが多様なおおよその調整に基づいていることを認めることで，どのようにおおよその調整が起こるかを考え始めることができ，WAD を理解する方法として使うことができる。そこには単一の理由によるただ一種類の調整というよりも，むしろさまざまな理由による多様な調整が存在している。

単純なエラーはないのか？

Safety-I 神話と一緒に因果律を信じたくなる理由の一つは，うまくいかなかった物事に対する単純な（時に単純過ぎる）説明が見つけやすいからである。Safety-II の基礎としてパフォーマンスの調整やパフォーマンスの変動を強調すると，この都合の良さは失われると思われる。

Safety-II は 2 モード原理をおおよその調整（という考え方）で置き換えるが，だからといって，もはや単純なエラーはなくなる，すなわち人は単純な理由で何かを間違えることはない，ということではない。実際，複雑ではない事例の大多数は，重要な何かを見落とすことなく，単純なエラーという考え方で理解，説明できる。

たとえば，新人や初心者を考えてみる。初心者とは，定義では，あるタスクがどのようになされるべきか，あるいはある道具をどのように使うべきか，ほとんどあるいはまったく経験がない人のことをいう。ゆえに，知らないあるいは認識できない状況がたくさんあり，そこで初心者は何をすべきか見つけるために苦労することになる。その場合，何か初歩的なことをどう行うかを知ることが問題であり，その状況でパフォーマンスを調整することは問題にはならない。そのような場合，人は試行錯誤，すなわち機会主義的制御（opportunistic control）[*3] の手段をとるかもしれず，明らかに正しくないことを行うこととなる。すなわち「単純なエラー」と見なせるだろう。

[*3] 訳注：p.183 参照。

初心者は完璧を目指して情報を探したり，他の人に尋ねたりすることで適切な行動を見つけることもできれば，効率を目指して不完全な理解やある種の経験則に基づいて意思決定を行うこともできるというジレンマに直面する．また，疲労が原因の不正確さやパフォーマンスの変動という意味での単純な「エラー」もある．不正確さはある意味 ETTO として理解できる一方，たとえば，速やかさと正確さのトレードオフや，環境が揺れて不安定であったり（車や船のなかのように），インタフェースの設計が悪かったり，見にくかったり，あいまいであったり，その他の多くの理由によって，何か間違ったことを行う状況は確かにありうる．これは外因性と内因性のパフォーマンス変動と見なすことができ，ある意味，減じていけるものではない．外因性の変動，とくに単一の行動に対する変動の場合，それを考慮して不正確な行動を補足すること（コンピュータ画面に出る確認ダイアログボックスのように）は設計者の責任である．

《第 7 章についてのコメント》

「意図しない結果の法則（law of unintended consequences）」とは，なぜ正しく組織化された行動がときにその目的を達成することに失敗するのかに関するわかりやすい分析である．オリジナルの論文は Merton, R. K. (1938), The unanticipated consequences of purposive social action, *American Sociological Review*, 1(6), 894–904 である．75 年前に書かれたものであるが，この分析は残念ながら未だに妥当である．

たとえば，力，速度，正確さ，知覚や認知に関する人間の限界は技術によって克服できるという強い信念がつねに存在してきた．この信念から，自動化が多くのヒューマンファクターに関する問題の解決策として好まれてきた．人を自動化に置き換えることに関する有名な分析においてベインブリッジは，1983 年に出版された論文である Ironies of automation（*Automatica*, 19, 775–79）のなかでいくつかの根本的な限界を指摘した．

作業を可能にするために人が行うべき必要な調整については，人間工学

の文献のなかで頻繁に議論されてきた．とくに興味深い論文は，Cook, R. I. and Woods, D. D. (1996), Adapting to new technology in the operating room, *Human Factors*, 38(4), 593-613 であり，このなかでは，システムの調整（system tailoring）とタスクの調整（task tailoring）という重要な区別がなされている．システムの調整とは，どのようにユーザがシステムの設定やインタフェースを変更して作業を可能にしているのかを述べたものである．システムの調整が限定されたり，不可能な場合，ユーザは，作業が可能になるようにタスクの変更や調整を含むタスクの修整（task tailoring）に頼るようになる．

Safety-II の存在論は社会技術システムや，とくに個人，社会グループ，組織としての人の活動に言及する．また，人は明らかに 2 モード的ではない．社会技術システムのもう半分（技術）に限って言えば，それは 2 モード的かもしれないが，だからといって全体としての社会技術システムが 2 モード的というよりも，むしろ変動的であるという事実に変わりはない．

「発現（emergence）」という言葉はダーウィンの進化論に関する議論のなかで George Henry Lewes が用いたものである．当時は，機械は極めてわかりやすく，発現は作業状況に関する問題ではなかった．

状況が進展する際の機能共鳴の役割は Hollnagel, E. (2012), *The Functional Resonance Analysis Method for Modelling Complex Socio-technical Systems*, Farnham: Ashgate で説明されている．FRAM 手法はとくに作業におけるパフォーマンスの変動の重要性を理解するために開発された．この本では 3 種類の共鳴が扱われている．それらは，アテネ文明の時代から知られている古典的共鳴，1980 年代初頭に最初に紹介された確率共鳴，そして最後が Safety-II の原因論である機能共鳴である．

（シャーロック・ホームズの）小説「Silver Blaze」はアーサー・コナン・ドイルの *The Memoirs of Sherlock Holmes* のなかに掲載されている．テキストはプロジェクト・グーテンベルグ（http://www.gutenberg.org）からダウンロードできる．

第8章
進むべき道

8.1　Safety-II の観点の影響

　Safety-II の観点を取り入れるということは，すべてをこれまでとは別のやり方で行い，用いられる手法や方策をすべてにおいて入れ替えるべきだということではない。現実的には，むしろ行われていることを違った視点で捉えることを推奨するということである。トラブル事例を調査することは依然として必要であるし，可能性のあるリスクを考慮することも必要である。しかし，根本原因分析はこれまでとは違った心構えで行うことができるし，フォールトツリーは確率を考えるというよりは，事象の変動性を考えるために用いることになる。

　現場（sharp end）での毎日の活動は，決して受け身的なものだけではないのだが，多くの作業においては，完全性のためではなく，むしろ効率性の追求のためにプレッシャーが課せられている。このプレッシャーは組織のすべてのレベルに存在し，必然的にプロアクティブになる可能性を減じている。なぜなら，プロアクティブであるためには，何が起こりうるかを考え，適切な対応を準備し，リソースを配分し，万一の対応方策を考えることに労力が使われてしまうからである。

　プロアクティブな安全マネジメントが，少なくとも施策や組織の姿勢として行われている場合ですら，毎日の作業環境を構成する無数の小規模な出来事に対してまでプロアクティブであることは，困難である。事態の多くは先行指標がほとんどないままに急速に，そして予想外に進展する。重点事項として関心

が向けられるのは，リソースを限界まで使って，状況をスムーズに進行させ続けることである．このような状況においては割り当てられるリソースは限られており，それを活用するための時間もほとんどない．仕事のペースが速いために，何が起こっているのかをゆっくり考える時間はないので，戦術的になる可能性はほとんどなく，まして戦略的になどなれるわけもない．それどころか，仕事に対する圧力や外的な要求のために，システムが機会主義的モード（opportunistic mode）へ向かってしまうような拙速な問題解決が要求され，そのような状況においては正確さよりも迅速さがより重要になる．このような状況を抜け出して，機会主義的モードから戦術的な制御モードに移行しプロアクティブになるためには，意識的な努力が必要になる．短期的にはこのような努力は支持されず正当化することは難しいかもしれないが，長期的には間違いなく賢明な投資である．

　大規模な事象に関しては，始まりは突然である場合も多いが，その進展速度が比較的遅いので，プロアクティブに対処することは多少容易である．（例としては，空域の閉鎖につながる火山の爆発や，突然の感染症の世界的流行の発生が挙げられる．）これらの大規模事象のさらなる進展は，他の類似の事象が発生せず，かつ対応が必要とされるときに信頼できる指標が得られるのであれば，規則性が見いだされる可能性が高い．適切な対応方策はすでに知られているし，事前に基本的な準備をしておくことも可能である．

　Safety-IIにおける安全へのアプローチは，多くの面でSafety-Iとは異なる一方で，それらは2つの両立しない安全に対する考え方ではなく，相補的な見方であるということを強調したい．したがって既存の方法は，強調すべき点が多少違っているかもしれないが，依然として使うことができる．しかし，Safety-IIへ移行するためには以下に示すような新たな方策も必要になる．Safety-IとSafety-IIを両立させることは，安全マネジメントの基礎として，異なる方策を用いた，それぞれの結果に注意を向かわせるという意味で有用である（表8.1参照）．

　人々が現場（sharp end）で行っていることは，Safety-IとSafety-IIが適度に混じったものと捉えることができる．その理由は簡単であり，失敗を避けると同時に成功を確かなものにすることが，高いパフォーマンスを得るためには必

表8.1 Safety-I と Safety-II の比較

	Safety-I	Safety-II
安全の定義	失敗の数が可能な限り少ないこと。	成功の数が可能な限り多いこと。
安全管理の原理	受動的で，何か許容できないことが起こったら対応する。	プロアクティブで，連続的な発展を期待する。
事故の説明	事故は失敗と機能不全により発生する。事故調査の目的は原因と寄与している要素を明らかにすることである。	物事は結果にかかわらず基本的には同じように発生する。事故調査の目的は，時々物事がうまくいかないことを説明する基礎として，通常どのようにうまくいっているかを理解することである。
ヒューマンファクターへの態度	人間は基本的にやっかいで危険要因である。	人間はシステムの柔軟性とレジリエンスの必要要素である。
パフォーマンス変動の役割	有害であり，できるだけ防ぐべきである。	必然的で，有用である。監視され，管理されるべきである。

要だからである。このバランスは作業の本質，人々の経験，組織の風土，マネジメントと顧客の要求，そして製造への圧力など，多くの要因に依存している。予防は治療にまさるということは誰でも知っているが，残念ながら条件によってはいつも予防方策が適切に行えるとは限らない。

これがマネジメントや規制にかかわる活動のレベルになると話が変わり，Safety-I の見方が支配的になる。この理由の一つとして，マネジメントや規制の第一の目的が，歴史的には作業者や顧客や一般市民を許容できないリスクから守ることであるからである。しかしながら，管理者，規制者，そして法律をつくる人々は，彼らが担当しているシステムやサービスの日々の運用からは，時間的そして空間的に離れた場所におり，作業が実際にどのように行われているかを観察したり経験したりする機会は極めて少ない。この結果として必然的に，失敗したこと，失敗するかもしれないこと，そしてそれはどのように防げるのかということに焦点が当てられることになる。もう一つの理由は，誰にとっても，失敗したことを数え上げるほうが，失敗しなかったことを数えるよ

りもずっと簡単だからである。言い換えれば，効率性と完全性のトレードオフである。（ここでも，効率性を説明するほうが完全性を説明するより容易であると —それは誤りなのだが— 決めつけられている。）

　我々の日常生活が依存する社会技術的居住環境はますます複雑になり続けているので，Safety-I のアプローチは現時点でそうでないとしても，長い目で見て不十分になる。現状の安全マネジメント方策を Safety-II の視点で補完するのは難しいことではない。Safety-I をすべて Safety-II の考え方で置き換えるのではなく，2 つの考え方を組み合わせることが推奨される。問題が発生した場合の多くは，比較的単純な説明が可能であるか，比較的単純な説明が可能であるとして扱っても重大な問題は生じない場合が多く，それゆえ我々が慣れて熟知している方法で扱うことができる。しかしながら，このようなアプローチで扱えないような状況の数が増えていることもまた事実である。

　Safety-I に関する方法の多くは拡大解釈され，その限界を越えて適用されている。したがって代替手段が必要であり，それは Safety-II の考え方を付加し，レジリエンスエンジニアリングの実践へ移行することである（図 8.1 参照）。Safety-II とレジリエンスエンジニアリングは，安全とは何かという定義の違いに対応して安全に対する異なる視点を提供し，既知の手法を別のやり方で適用することを可能にする。これに加えて Safety-II の見方では，うまくいくことに着目して吟味できること，物事が実際にどのように遂行されているかを解析できること，そして制約するのではなくパフォーマンスの変動をマネジメント

図 8.1　Safety-I と Safety-II の関係

できることなどのための固有の方法や技術が必要とされる。これらの方法や技術のなかで最も重要なものを以下に述べる。

8.2　うまくいっていることを探す

　Safety-II では，うまくいかないことだけでなく，うまくいったことにも着目し，失敗からだけでなく成功したことから学ぶことが重要であると考える。悪いことが起きるのを待つのではなく，普通のことしか起きていないように見える状況において，何が実際に行われているのかを理解しようとすることが重要なのである。Safety-I では，人々が単純に手順に従い，想像されているように作業を行っているがゆえに物事がうまくいくと仮定する。Safety-II では，人々が現在と将来にわたり発生する状況側からの要求に対処し，必要な調整をつねに思慮深く行っているから物事がうまくいくと仮定する。この調整がどのように行われているかを知り，そこから学ぶことは，希にしか起こらない望ましくない結果が生じた原因を探求するよりもずっと重要なのである！

　何らかのうまくいかないこと，たとえば滑走路への誤侵入，カーブに対して速すぎる速度での列車の進入，試験結果の見落としなどが発生した場合，それらの事象に含まれている行動がそのときだけ起こっている可能性は低い。その状況は過去に何度もうまくいき，将来においてもうまくいきそうな状況である可能性のほうが高い。Safety-II の見方では，問題はエラーや異常により発生するのではなく，日常的パフォーマンス変動の予期しない組み合わせにより発生する。したがって，問題がどのように発生するかを理解するためには，このような日常のうまくいっている行動を理解することが必要なのである。

　単純ではあるが説得力のある事例が，ハインリッヒの 1931 年の文献 *Industrial Accident Prevention*（産業事故の防止）に述べられている。ここでの問題は，工場作業員が濡れた床で滑り，膝の皿を損傷した事例である。この現場では，6 年以上にわたり床の広い部分を一度に濡らすことで，拭き上げ作業を意味なく遅らせることを日常的に行っていた。作業員が濡れた床で滑って転ぶということは日常的に起きていたが，通常は深刻な結果には至っていなかった。（怪我をしない人とした人の比率は 1,800：1 であった。）ハインリッヒはその

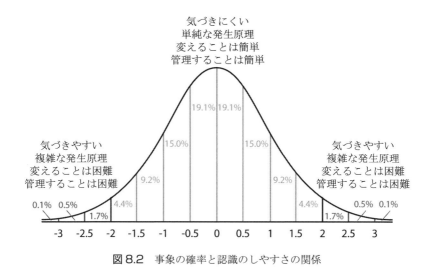

図 8.2　事象の確率と認識のしやすさの関係

事故の後に起きたことを関連づけて述べてはいないので，床の掃除の仕方が変更されたかどうかは推測するしかない。

　Safety-I と Safety-II の見方の違いは，図 8.2 のように表現できる。Safety-I は正規分布の端の事象，左端の望まれない結果となった事故に相当するごく希な事象に注目する。（興味深いことに，例外的にうまくいった右端の希な事象はほとんど注目されない。）これらの事象は，通常とは著しく異なった影響をもたらすために捉えやすいという特徴を持っている。しかしながら，これらの事象の説明と理解は，根本原因と因果の線形関係の魅力的な解釈をもってしても困難である。線形的因果関係に基づく説明は危険なほど単純化されている。事象が希であり説明と理解が難しいからこそ，それを変え，管理することも困難なのである。この証拠として，「手順に従え」「もっと注意しろ」「訓練を向上させろ」といった，たびたび推奨されている方策が，いかに役に立たないかということを示せば十分であろう。

　Safety-II は分布の端だけでなく，中央に位置する頻度の高い事象に焦点を当てる。これらの頻度の高い事象を観察することは"困難"であるが，それは我々が日常的に無視していることが多いからである。リソースがいつも限られ

ているので，物事がうまく運んだ場合はそれに対してさらに時間をかける理由などないという理屈であろう。しかしながら，現実には物事は我々が仮定したようには進まず，WAD（実際になされた作業）はWAI（行うことが期待された作業）と大きく異なっている。分布の中央にくる事象は日常の作業の根幹を成す相互的なパフォーマンスの調整という観点から理解し，説明することができる。これらの事象は頻繁に発生するし，規模も小さく，なぜ，そしてどのように発生したかを理解することが可能であり，監視し，マネジメントすることは容易である。対象とする問題が複雑ではないので，介入は精細にでき，かつその範囲も限られており，必ずしも単純であるとは限らないが，主たる影響と副次的影響を予測することは容易である。

　もちろん，我々に害を与えない限り，そしてその環境が安定である限り，普通の出来事に注意を払わないこと，少なくとも多くの注意を払いすぎないことには，進化論的な意味で利点があることは確かである。しかし，現在の社会技術的居住環境では，環境はもはや安定的なものではない。複雑適応システム（Complex Adaptive System）の概念を持ち出すまでもなく，作業環境そして作業そのものも理解が困難になり，予測も困難になっている。その結果として，今日役に立つ解法やいつものやり方が，明日には役に立たなくなっているかもしれないのである。それゆえ，いつものやり方だけに頼るのではなく，実際に何が起こっているのかに対して注意を払うことが重要なのである。これは一種の完全性であり，変化すべきときがきて，その変化を迅速に行わねばならないときに，効率性を高めることを可能にするものである。

深さよりも広さを優先する

　うまくいくことを見つけるためには，深さよりも広さを優先した解析を行わなくてはならない。Safety-Iにおける事故の解析や事象の調査では，それぞれの事象を唯一のものと見なし，発生したことに対する特定の原因を見つけようとする。この結果として探索は深さ優先で，広さ以前に深さを優先させてしまい，発生事象に至る道筋をできるだけさかのぼって探索し，その後に他の可能性を考慮することになる。このやり方の欠点は，説明がつく一つの原因が見つ

かった時点で探索をやめてしまう可能性が高いということである。したがって，深さ優先の解析は，「第1の物語（first story）」が見つかった時点で止まってしまい，「第2の物語（second story）」を考慮しないことになる。他の道筋を探索したとしても，事象はユニークなものとして扱われ，一般的な行いようにおいて起こりうるバリエーションとは捉えられない。もう一つの欠点は，事象が解析され，推奨される対策が得られると，問題は解決済みとして終わりになってしまうことである。このようなやり方では学習は阻害され，複数の事象を総体として考えることに努力は向けられない。過去は新たな事故がそれを要請したときになって初めて顧みられることになる。

　Safety-II の観点から特定の事象を分析するときは，その事象はユニークなものではなく，以前にも発生し今後も再び発生するものと捉えることが当然となる。したがって，解析はその事象が毎日の仕事の代表例であると考えることから始まり，その事象を特徴付ける典型的な条件や学習により獲得された調整作業とは何かを理解することへと進んでいく。このやり方は広さ優先（または深さ以前に広さを優先）の方策につながり，特定の可能性を深く検討する前に，その事象が発生しうる多くの可能性を検討することになる。最初に得られた原因，「第1の物語」はその事象が発生する可能性のある多くの状況の一つに過ぎないとみなされるので，最終的なものとはされにくいことになる。

うまくいくことの発見

　うまくいくことを見つける見通しを得ることは骨の折れる作業である。単に他人が何をしているのかを観察することから始めることもできるし，さらには自分自身が何をしているかに注意を払うこともできる。そういうことはさほど難しいことではないし，先述したように共通の表現方法はすでに示されている。（次項「パフォーマンス調整の種類」参照。）

　多くの人は起こっていることを単純に観察するという経験がほとんどないので，少なくとも最初のうちは意識して努力することが必要である。作業記述は，作業がどのように実行されるかに関する知識から始まる場合が多い。たとえば，設計図書，指示書，手順書，そして訓練資料などにどのように記述され

ているかということである．しかしながら，何が行われているかを観察する場合は，WAI ではなく WAD に着目しなければならず，日常的な状況において通常行われている作業を調べなければならない．

驚くことではないが，最良の情報源は解析に直接関連する部署や類似性の高い部署で実際に働いている人々である．情報を得るための主な情報源はインタビューであり，二次的な情報源は，現場観察または新鮮な視点を提供できる部門やユニット間での人員の交換である．以下ではインタビューによる系統的な情報収集に限定して議論を進める．

インタビューを実施する前には，状況を一貫して考え，情報がどのように利用されるかを注意深く考えることが重要である．いつものことであるが，特定の現場（the field）に入る前には，綿密な準備が必要である．たとえば規則，規制，さまざまな事象の統計，知られている最悪のケースやシナリオ，作業環境の安定性（スタッフの入れ換えの頻度，機器，手順，組織），共通知識として知られている近年に発生した主要な出来事や変化（できれば事故に限らない広い範囲の）などが挙げられる．このような背景情報はインタビューで尋ねる一連の質問の基礎となる．

実際の作業場所そのものに関して，物理的そして環境的条件（文脈）に関して，できるだけ多くのことを知ることは同様に重要である．この情報は図面（作業場所のレイアウト），写真，ビデオそして他の参照できるさまざまな情報を見ることで得られる．データ収集やインタビューは，可能であれば実際に活動が行われる場所で行うべきである．対象としている構内の「ガイド付きツアー」は，他の方法では得ることが難しい貴重な情報源となる．特定の状況での作業がどのようなものなのかという感触を得るために歩き回ることは，質問をすること，そして回答を解釈することの両方において非常に有用である．良いインタビュアーは，状況に関して新鮮な視点を持ち込み，働いている人々にはもはや見えていないことに気づくこともありうる．

インタビューの目的は人々がどのように仕事を行うかを見つけることである．以下のような簡単な質問により，この内容を引き出すことが可能になる．

- （特定の）作業をいつもどのように始めますか？　何をきっかけとして始

めますか？
- 状況に応じて行動をカスタマイズしたり調整したりしたことはありますか？　どのようにやり方を選びますか？
- 予期しないことが起きた場合はどうしますか？　たとえば中断の発生，突然の緊急作業，予期しない条件の変化，資機材の不足，困った事態の発生など．
- 作業条件はどの程度一定ですか？　作業は所定の手順に従って行うものですか，それともその場での対応が多く必要とされますか？
- 作業状況や作業条件はどの程度予想可能ですか？　どのような予想外のことが起こりえますか？　それに対しては，あらかじめどんな準備ができますか？
- 日々の作業のなかで我慢しなければならないことや，慣れなければならないことはありますか？
- あなたの作業に関して，通常どのような前提条件が満たされていますか？　これらの前提条件は作業に参加するすべての人に共有されていますか？
- 作業において全員が当然と思っている要素は何かありますか？
- あなた自身はどのように作業の準備をしますか？（たとえば，関連図書を読む，同僚と話す，指示を再確認するなど）
- どのようなデータが必要ですか？　どんな種類の機器，装置，サービス特性（service feature）が必要ですか？　必要なときにはそれらが利用可能であると考えても大丈夫ですか？
- 時間的プレッシャーがあるときはどうしますか？
- 情報が欠けていたり，必要な人員が確保できないときはどうしますか？
- どのような技能が必要とされますか？
- 作業を行う最善の方法は何でしょうか？　作業を行う最適な方法があるのでしょうか？
- 作業のやり方を変えることはありますか（希に，度々）？

インタビュー対象者の準備もまた重要である．第1にインタビューされるこ

とに同意してもらわなければならない．この同意が得られたならば，次にデータ収集の目的と意義について知らせることが重要である．経験的に言って，一般に，人々はどのように仕事をこなすか，扱いにくい状況をどのように処理するかについて喜んで語ってくれる．2人同時にインタビューをするのも良い方法であり，そうすることにより，一人一人のやり方が大きく異なっていることがわかる場合が多い．

インタビューや現場観察に加えて，組織開発における一般的なテクニックも用いることができる．質問の内容が特定の方向に偏る場合が多いというのは共通して言われていることであり，これは「探しているものだけが見つかる（what you look for is what you find）」ということの実例である．うまくいかないことがどうして起こったかではなく，仕事がどのように達成されるかを調べることにより，違う種類の情報が得られ，潜在的には人々の心構えすら変わり，当然ながら組織文化さえ変わるのである．どんな問題があるかではなく，問題がどのように解決されるかということが探求されるべきなのである．

このような手法のなかで，最もよく知られているのがアプリシエイティブ・インクワイアリー（Appreciative Inquiry）である[*1]．この手法では，組織において悪いことをなくすことではなく，賞賛すべき行いに焦点を当てており，この考え方はSafety-IとSafety-IIの違いに整合している．この方法は安全の問題に特化したものではないが，より建設的な文化を構築する基盤として利用可能であり，それはおそらく安全のパフォーマンスと相関している．アプリシエイティブ・インクワイアリーの欠点を挙げるとすれば，非常に時間がかかること（ワークショップは数日に及ぶこともある）や，関連する人の数が限定されることなどである．

もう一つ，協調的質問法（Co-operative Inquiry）と呼ばれる方法がある．このやり方の基本原理は，人々は自己決定的であり，人々の意図や目的が行動を決めているということである．この方法では，建設的な共同作業を実現するための思考や意思決定について，探索し認識することを促すことが重要となる．

[*1] 訳注：1980年代に米国Western Reserve UniversityのDavid L. Cooperrider博士らが提唱した，人や組織における強みや真価をポジティブな質問により明らかとしていく手法．

協調的質問法と Safety-II は，パフォーマンスの多様性を作業において有用なものと捉えるという点で共通している。しかしながら，協調的質問法もアプリシエイティブ・インクワイアリーも，製品や結果に言及することよりも仕事の文化や風土を向上させることがより重要であり，そういう意味で運用よりは改善に重きを置いたアプローチである。

　3番目の，そして現時点では最後のアプローチは，エクスノベーション（exnovation）という名前で呼ばれる。エクスノベーションでは実務者が日々の仕事のなかで何を行っているかということを，統計という枠にとらわれず，可能な限り起こったまま，経験されたままに記述することに焦点を当てる。ここで着目するのは，現場の実務者たちは，業務慣行をどのように開発し維持しているのか，そしてお互いのこと，課題，求めうる将来についてどのように学んでいるのかという点である。このような学習に不可欠なのは，「受動的能力（passive competence）」であり，これは典型的な行為や回答を保持し，所定の反応を遅らせ，既存のやり方や知識に関して問いかけをして，新しい回答や解決法を正当化する能力として定義される。したがって後に説明する注意の原理と非常によく似ている。「受動的能力」とオープンさは，進行中の複雑な状況に関与するためには決定的に重要な事柄であり，それにより現在の状況に対して不適切なやり方や動きにとらわれ，誤った判断を下すことを防ぐことができる。すなわちエクスノベーションでは知識，ルールそして真実を同定する初期的方法ではなく，かかわりを持つ場における熟考プロセスに一緒に参加することが，強調される。

パフォーマンス調整の種類

　ここまで論じたように，何か*2 が日常業務の一部として行われていたならば，それは以前にも行われていたということは賭けてもよいほど確実である。人々は，要求事項，自分自身の目標，社会的期待，そして組織からの要求に応じて仕事のやり方を見つけることを得意としており，それにより毎日の作業状

---

*2 訳注：目を引く行動。

況につきものの永続的，短期的問題を克服している。このようなパフォーマンスの調整がうまくいくと，まさにそれがうまく働くがゆえに，そのやり方に頼るようになる。実際にはこのパフォーマンスの調整は物事がうまくいったときに暗黙のうちに強化されるが，失敗したときには叱責される。しかしながら，人々が通常行っていることを責めることは近視眼的であり，生産的なことではない。日常的に行われているパフォーマンスの調整とその理由を見つけようとすることは，安全の面でも生産性の面でも，得られることは多い。これには2つの明白な利点がある。第1に，うまくいかないことを研究するより，うまくいくことを研究するほうが，より簡単である。第2に，失敗を防ぐより，パフォーマンスの調整を監視し，マネジメントすることで物事がうまくいくことを確実にするほうが，限られたリソースの投入策として優れているからである。

　しかしながら，実際的には一つ問題がある。使える用語が用意されていないのである。さまざまな種類の個人や組織の失敗，エラー，故障に言及するときは，豊富な用語を自由に使うことができる。オミッションエラーやコミッションエラーというような簡単な分類から始まって，複数の理論があるだけでなく（バイオレーション，不服従，状況認識の喪失，認知エラー，エラー促進条件など），それぞれの理論のなかにも豊富な用語のバリエーションがある。しかしながら，人々が実際に行っていることを記述しようとすると，基礎となる用語というものがほとんどないのである。

　Safety-IIの精神に則れば，我々が探すべきことは，人々が状況に合わせてどのようにパフォーマンスを調整しているかということである。具体的な調整は特定の作業環境に対して適切になるように行われるために，一般的に広く適用可能な種類の調整というものはありえない。代わりに，なぜそのようなパフォーマンスの調整を行うかということを見つけることは可能であり，そこから容易に観察できる特徴的な調整のタイプを見いだすことができる。これにより，実際には3つの理由からパフォーマンスを調整していることが明らかになる。この3つとは，作業に必要で将来的な問題に対して役に立つかもしれない条件を維持するかつくり出すため，欠けているものを補うため，そして将来的な問題を回避するためである（図8.3参照）。

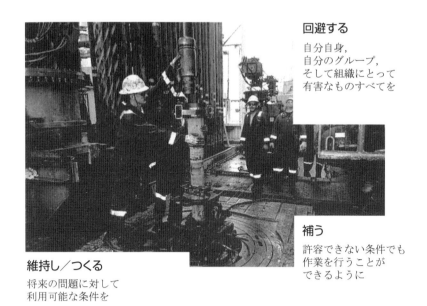

図8.3 パフォーマンス調整の種類

良い作業条件を維持するかつくり出す

すべての作業環境において，何らかの条件が満たされなければならない。その条件とは，以下のようなものに関連することである。すなわち道具や装置，インタフェースのデザイン，材料や情報の利用可能性，利用可能な時間と作業負荷（またはタイムプレッシャーと過負荷が課されていないこと），外乱や介入に対する防御，同僚や専門家へ依頼できる機会，周囲の作業条件（光，熱，湿度，騒音，振動など），作業の場所や作業時間，スケジューリングや他の作業との間の同期など。すべての作業環境において，事前にこれらの条件が満たされることを保証するために，現実的なだけではなく名目的な努力が払われている。作業の結果への要求が厳しければ厳しいほど，これらの条件を整えるために多くの努力が払われる。しかしながら実際には，これらの条件がすべてつねに満たされることを保証するのは不可能である。したがって行われる調整の一

つの種類として，とりあえずこれらの条件をつくり上げたり，どこからか持って来たり，良い状態に保っていくということがある．人々がこのようなことをするのは，それらの問題が作業に対して悪い影響を及ぼし，それらに対して何かをしなければならないとしっかり気づいているからである．

　多分，最も良い例は時間の管理であろう．作業を行うには十分な時間が必要であり，妨害や中断を予期し，それを防ぐために努力する．この例としては，「Don't disturb」の札をドアに（またはスカイプのプロファイル上に）掲げるといった簡単なことや，他人が行いうることに制約を設けることで，それによる外乱を最小化するといった，多少複雑なことをするなどが挙げられる．少し急いで作業を行うことや（これは他の調整を行うことを意味する），すべてのeメールや電話にすぐには応答しないことにより，少し時間に余裕をつくり出すなどということは，誰でもしばしば行っていることである．

足りないものを補う

　綿密に計画を立てて準備しても，何かが足りないという状況は必ず発生する．その場合はいくつかの条件が満たされなくなり，結果として作業を行うことが困難に，さらには不可能になる．時間はもちろんこの場合も重要な関心事であるが，他にもある．道具や装置が不足しているかもしれない．材料が入手できないか，あったとしても形態が不適切（一回あたりの投与量や濃度）なこともある．量的な問題もありうる（噴出穴を塞ぐのに十分なセメントの量，火を消すのに十分な水または難燃剤の量，訪れてくるすべての患者を受け入れるだけのベッド数）．情報が欠落していること（情報寡少）や，追加の情報を時間内に得られないこと，まったく情報を得られないことも起こりうる．装置は壊れるかもしれないし，必要とされるときに人員が確保できないかもしれない．このような場合は適切な調整を行わなければならず，さもなければ作業は失敗する．時間が足りなければ作業を速く行い，時間の不足を補う．道具や装置が足りなければ，代替品を探す．ねじ回しをハンマーとして使うことさえある．材料がないか，または不足している場合は，代替品を探すか要求量を減らす．情報が足りない場合は，精一杯推測を行う．たとえば頻度による賭け

(Frequency Gambling) や類似度照合（Similarity Matching）などが用いられる*3。何が足りないとしても，我々は通常それを補う方法を探すものである。

先々の問題を避ける

　最終的に，調整は，人，グループそして組織にとって悪い影響が起きることを避けるために行われる。たとえば，作業場における他の人との干渉などの影響を避けるために，作業手順の変更や再スケジューリングが行われる。妨害や混乱を避けるためにバリアが設けられるし，活動の一時的中断を避けるためにある装置の一部が分解利用される。規制や立法者そしてメディアによる外的な干渉を遅らせるために報告の提出が控えられ，より適切な条件が満たされるまで活動が延期される。何もしないことによりトラブルに至る場合は，作業のやり方を調整することは理にかなっており，何もしないことは無謀な方策なのだと後知恵でわかることもある。

　我々は多かれ少なかれ，これらすべての種類の調整を，単一に，あるいは組み合わせて使っていることが常である。あまりにもスムーズに苦労せずにこれらの調整をしているので，そうしていることに気づくことはほとんどない。この調整はWADの不可欠な構成要素であり，明示的ではなく暗黙的である場合が多いが，当然行われることを期待するし，しばしば行われうるはずと予見している。上述した簡単なカテゴリーに基づけば，調整が行われたときにそれに気づくことができるようになり，それにより特定の状況や活動における特徴的なパフォーマンスの多様性を理解できるようになる。

学習の基礎：頻度か深刻度か

　安全を向上させようとしている人は誰でも，事故，すなわちうまくいかなかったことを基礎にして学習すべきだと考えている。事故は学習の機会として捉えられ，同様の，または類似の事象が再び発生することを確実に防ぐために

---

*3 訳注：認知したものを記憶のなかのパターンと対比して解釈するやり方。「よくあるあれだろう」「似ているからきっとこれだ」といった解釈法。

は何をすべきかということに焦点が当てられる．事故調査においては時間やリソースが往々にして不足しているため，深刻な事態を招いた事故のみを対象にして，残りの事象は後回しにされ，現実的には二度と顧みられなくなる．このような考え方はインシデントにも適用され，通常インシデントの数は非常に多いために，この傾向はさらに強まることになる．ここで言外に仮定されていることは，学習の潜在的な価値はインシデントや事故の深刻度に比例するということである．この考え方は明らかに誤っており，第4章で議論されているピラミッドモデルの原理にも反する．軽微な事故を一つ防ぐより，大きな事故を防ぐほうが多くの資金を節約できるのは事実であるが，これは大きな事故から学習できる潜在的な価値のほうが大きいことを意味しない．実際には，頻繁に発生する小規模のインシデントに対するコストのほうが，滅多に起こらない一件の事故のコストよりも大きくなることは容易に想像できよう．小規模だが頻繁に発生する事象のほうがはるかに理解しやすく，管理もしやすい（上記を参照）．滅多に起こらない深刻な事態を考えるよりは，学習の基礎を小規模だが頻繁に発生する事象に置くほうがより賢明である．深刻さよりも頻度を学習の出発点と考えることは，一般的な学習理論の面からも支持される．安全だけに限らず一般的に考えて，学習が行われるためには3つの条件が満たされなければならない．

1. 第1に学習の機会がなければならない．学習が実際に行われるためには，何かを学ぶ機会が存在する状況が，十分頻繁になければならない．学習が行われる状況が十分頻繁に起こり，学んだことを忘れるということがないようにしなければならない．事故は希であるので，学習にとって良い出発点とはいえない．希であるために，次の学べる機会までの間に学んだ教訓を忘れてしまうことになる．同じような理由で，事故に対しては学習する準備をすることも困難である．事故が発生したときには，学習するよりはそれに対処しシステムを復旧させることが主な関心事になるからである．

2. 学習が行われるためには，状況あるいは事象が何らかの意味で類似していなければならない．学習が行われる状況においては，一般化が行える

ように十分な共通性が必要とされる。我々は生得的な一般化能力を持っているので，事象が非常に類似していると，学習は容易である。しかし，深刻な事故の場合のように，事象が類似していないときや，他の理由により（共通なものを見つけて）一般化することが不可能な場合は，学習はより困難になる。結果からだけでは何も学習することはできない。なぜなら，結果が似ている，または同一であろうとも，その原因は異なっているかもしれないからである。このような考え方を克服し，原因から学ばなければならない。しかし，原因は観測されるというよりは，推定され，構築されるのである。簡単な事象に関しては，原因と結果の間の段階が少ないので，実際に一対一の関係がある場合が多い。しかし複雑な事象の場合はそう簡単にはいかない。事故が深刻であればあるほど，原因と結果の間に多くの段階が存在し，説明が詳細化して不確実性も大きくなる。これは，根底にある何らかの因果関係のメカニズムを仮定しなければ学習が行えないことを意味し，実際に学べることは説明可能な程度に（社会的に受け入れられる程度に）十分な因果関係のメカニズムでしかなく，それは必ずしも実際に起こったことではないのである。問題は，特定の事故のモデルや理論をより確固たるものにすることを目指すべきなのか，実際に起こったことを理解しそれを一般化すべきなのかということである。

3. 学習に関しては，何かが学習されたことを示すために，かつ学習されたことが有効であることを示すために，フィードバックの機会が必要である。この前提条件としては，事象が頻繁に発生し，かつ類似していることが必要である。そうではない場合は，適切な学習が行われたか否かを確認することができない。学習は，行動のランダムな変化ではなく，特定の結果がより起こりやすくなり，他の結果が起こりにくくなるような変化である。学習が行われたか否か（たとえば，行動の望ましい変化が起きたか），そしてそれが予期された効果をもたらしたか否かを決定できなければならない。もし変化がなかったとすれば，学習の効果がなかったということになる。望ましくない方向への変化が生じたとすると，それは悪い学習であったということである。

これら3つの基準は，頻度（どれだけ頻繁に発生するか）と類似度（どれだけ事象が類似しているか）によって状況をマッピングすることで説明できる。もし事故の3つの主要な分類，事故，インシデント，そして日常業務を単純に用いるとすると，マッピングは図8.4のようになる。（注：この図は従来の事故ピラミッドを135度反時計方向に回したものと見なせる。）一般学習理論は，我々がすでに知っていること，つまり学習の最適な基盤はしばしば発生し類似している事象であるということを強く支持している。それゆえ学習は深刻度ではなく頻度に基づくべきであり，事故が学習の基盤として最善でも唯一でもないことを意味している。

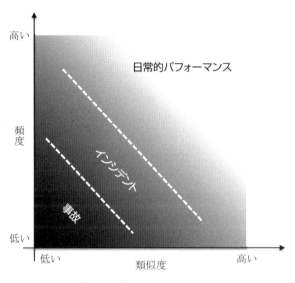

図8.4　学習に必要なものは？

　学習に関連してSafety-IとSafety-IIの違いは，次のように表すことができる。Safety-Iにおける調査の目的は，悪くなってしまったのは何か（what went wrong）を見つけることであり，一方，Safety-IIにおける調査の目的は，うまくいかなかったことは何か（what did not go right）を見つけることである。Safety-Iの観点から行われることは，仮定される失敗の連鎖（または事故の

シーケンス）を再構築し，異常動作や故障をした機器やサブシステムを見つけることである．このやり方においては事象の深刻度が最も重要な基準になる．Safety-II の観点からは，毎日の成功している行動に対する理由付けを明らかにし，次にパフォーマンスの変動が，一つあるいはその組み合わせとして，どのように制御の喪失をもたらしたのかを明らかにすることである．何が悪かったのかを問いかけることは，エラー，故障，失敗を探すことにつながる．何がうまくいかなかったのかを問いかけることは，通常，作業がどのように行われ，どのように成功しているかを理解する必要性を生む．このような考え方によって初めて，特定の事例に対して何がうまくいかなかったのかを理解することが可能になる．

学習の拠り所を深刻度ではなく発生の頻度に置くということは，事故やインシデントに目を向けることに反対しているわけではない．事故やインシデント"だけ"から学ぶという姿勢に反対しているのである．毎日起きていること，パフォーマンスの多様性とその調整から学ぶということが本質的なのである．なぜなら，それこそが時には物事が悪い方向に向かう原因であり，またパフォーマンスを改善する最も効果的な方法だからである．

失敗の可能性に敏感であり続ける

悪くなることを同定し，それを排除していると，状況は制御されているという態度が徐々に形成されてしまう．これに対抗するためには，失敗の可能性に敏感であり続け，つねに懸念を持ち続けることが必要である．これを実現するためには，望ましくない状況を考え，リストをつくり，どのようにそれらが起こりうるかを想像することが，最初のステップである．そして，それを防ぎ，それに気づき，さらには発生したときの対応方策を考える．このように考えることは，プロアクティブな安全マネジメントにおいては本質的であるが，一度だけではなく継続的に行われなければならない．

Safety-II では，うまくいくことに着目するが，物事は悪くもなることをつねに意識することは依然として必要であり，"失敗の可能性に敏感"でいなければならない．しかし，ここでの"失敗の可能性"とは，単に Safety-I の観点に

基づく失敗や異常だけを意味しているのではない。意図した結果が得られないこと，すなわち物事をうまくいかせなかったことにも着目しなければならない。物事がうまくいくことを確実にするためには，うまくいっていることにこそ関心を持つことが必要であり，そのときには作業やその継続に対してつねに関心を持ち続けるだけでなく，確証バイアスや，最も楽観視できる外見や結果に焦点を当てるといった傾向を抑えることもしなければならないのである。

　失敗の可能性に敏感であり続けるためには，短期的そして長期的な仕事の全体的な理解の観点をつくり，それを維持することが必要である。これは，高信頼性組織（HRO：High Reliability Organisation）と呼ばれる考え方を主張する学派が用いている集団的注意深さ（collective mindfulness）という概念と同じ意図や目的のものである。組織において失敗の可能性に敏感であり続けるためには，組織の社会性ならびに関係性に関する基盤がどのように形成されているのかに対して，十分に注意を払うことが必要である。失敗の可能性に敏感であれば，組織は小さな問題や失敗を予見し，潜在的に危険なパフォーマンスの多様性の組み合わせを抑制するような細かな調整を施すことにより，それら小さな問題や失敗が結合効果を起こすのを防ぐことができる。多くの望まれない結果は，ショートカットが日和見的に寄せ集まって，それが不十分なプロセスの監視や危険同定と組み合わさったときに発生する。失敗だけでなく成功の道筋に何が起こっているのかに敏感でいることが Safety-II の実践には重要なのである。

8.3　安全のコスト，安全から得られる利益

　学習，思考，コミュニケーションなどに多くの時間を費やすことは，多くの場合，コストと見なされる。実際，安全のために費やされる金額はコストと考えられるか，少なくとも生産性の向上のために費やすことができたはずの投資機会の喪失と見なされる。Safety-I によれば，安全への投資とは，何かが起こることを防ぐための投資であり，保険と変わりはない。我々は，コストとは何であるかを知っている。というのも，それは現実的で日常的であるからである。しかし我々は，利得あるいは利益とは何であるかを理解していない。なぜ

なら，それらは大きさにおいて不確実であり，かつ知りえないためである。

リスクビジネスにおいてよく知られた格言に，"安全が高価だと考えるのであれば，事故を経験してみればいい"というものがある。例として，ホライズン号の深海事故，福島第一原子力発電所の事故などの大きな事故のコストを計算してみれば，ほとんどの安全への投資は対費用効果が良いことがわかるであろう。しかし，安全上の事前対策が実際に働くことを証明するのは不可能であるし（政治家だけが，批判を受けることなく効果があると言うようである），いつ事故が発生すると言い当てることもできないので，そろばんは，つねに，投資を減らす方向へとバイアスがかかる。（これは経営状況が厳しいときにとくに典型的に見られる。収支が悪化しても事故の確率は減らないのであるから，このそろばんは論理的ではない。それどころか，経営が悪化した状況においてはプレッシャーが増大し，インシデント報告は出にくくなり，変化も起こりやすいので，実際には事故は増える。全体の行動は，直観に反したものなのである。）

Safety-Iでは，安全への投資はコストと見なされ，非生産的と捉えられる。その投資は何かが起こることを防ぐためであり，何かが新たに行われるようにするとか，行う方法を改善するためではない。ここでの経営判断は投資を行うか行わないかということが選択肢となる。そのアウトカムとして注目されるのは，組織においてある特定の期間，たとえば1か月間とか数年間に事故が発生したか否かということになる。したがって，ある期間に事故が発生したか，発生しなかったかのいずれかがアウトカムである。（簡単のため，この例では1件の事故の発生についてのみ考える。）この場合，表8.2に示される4つのマスで構成される行列で表現される。もし投資をすると決断し，事故が発生したら，投資は（被害の程度が低減されるという仮定の下で）正当化される。もし投資をすると決断し，事故が発生しなかったら，その投資は，ビジネス的視点からは不要なコストと見なされる。（一つの理由としては，事故が発生しなかったということが安全への投資の結果であると論理的には主張できないからである。）もし投資をしないと決断し，事故が発生した場合は，誤判断または不運と見なされる。そして最後に，もし投資をしないと決断し，事故が発生しなかった場合は，節約したこととしてその決断は正当化される。

第 8 章 進むべき道　181

表 8.2　Safety-I の視点での決定行列

		期待される事象と結果の値	
		事故発生	事故発生なし
選択肢	リスクの低減に投資する	正当化される投資	不要なコスト
	リスクの低減に投資しない	悪い判断 不運	正当化される節約
推定される事故確率		p	$1-p$

もし事故の確率の値（p）と，安全への投資額（I）と，事故により発生するコスト（A）を推定できるとすると，4 つの代替案をランクづけるために決定行列を利用することができる。

- もし投資をすると決断し，事故が発生しなかったら，投資額は失われる。したがって，この選択肢の価値は $-I$ となる。
- もし投資をすると決断し，事故が発生したら，投資は正当化される。したがって，この選択肢の値は $-A * p + I$ となる。
- もし投資をしないと決断し，事故が発生した場合は，不運（悪い判断）と見なされる。この選択肢の値は $-A * p$ となる。
- 最後に，もし投資をしないと決断し，事故が発生しなかった場合は，値は 0 となる。

これらの値に基づけば，安全に投資しないという選択肢が，投資するという選択肢より優位となる。

Safety-II では，安全への投資は生産性向上のための投資と見なされる。なぜなら Safety-II の定義と目的は，可能な限りの多くのことがうまくいくようにすることだからである。したがって，投資が行われ，事故が起こらなかったとしても，日々のパフォーマンスは改善される。事故が起こったとしても，パフォーマンスが改善され，同時に事故の規模が低減されたという意味で投資は正当化される。投資が行われず，事故も発生しなかった場合は，パフォーマンスは許容範囲に維持されるが改善はされない。そして最後に，投資が行われ

表8.3 Safety-II の視点での決定行列

選択肢		期待される事象と結果の値	
		事故発生なし	事故発生
選択肢	パフォーマンスの改善に投資する	日常的パフォーマンスの向上	正当化される投資
	パフォーマンスの改善に投資しない	パフォーマンスは許容可能だが向上はなし	悪い判断 不運
推定される事故確率		$1-p$	p

ず，事故が発生した場合は，誤った判断と見なされる。この内容は表8.3に示されている。

上記の主張を繰り返すとしたら，安全への投資は，もはやコストではなく生産性向上への投資と見なされる。控えめに見て，投資と生産性向上の割合を1:1と仮定しよう。ここでも再び事故の確率をp，事故に伴うコストをAとすると，次のような順位づけが結果として得られる。

- もし投資をすると決断し，事故が発生しなくても，投資は生産性の向上につながり，この選択肢の値はIとなる。
- もし投資をすると決断し，事故が発生したら，投資による生産性の向上分から，予想される事故に伴う損失分が減ることになる。この選択肢の値は$I - A*p$となる。
- もし投資をしないと決断し，事故が発生した場合，この状況は不運（悪い決断）と見なされる。この選択肢の値は$-A*p$となる。
- 最後に，もし投資をしないと決断し，事故が発生しなかった場合は，選択肢の値は0となる。

これらの値に基づけば，Safety-II の考え方に基づき安全に投資する選択肢が，投資しないという選択肢より優位となるが，Safety-I ではそうはならない。以上から，結論としては，Safety-II の考え方に基づき安全に投資したほうが，しないよりよいということになる。

《第 8 章についてのコメント》

　人が状況を制御（control）できる程度は変化する。この程度は 4 つの戦略的（strategic），戦術的（tactical），機会主義的（opportunistic），そして混乱的（scrambled）と呼ばれる制御モードにより特徴付けることができる。この制御モードは，考慮するゴールの数，利用可能な時間，結果の評価基準，そして次の行動選択を選ぶにあたっての完全性により変化する。詳細な記述は Hollnagel, E. and Wood, D.D. (2005), *Joint Cognitive Systems: Foundations of Cognitive Systems Engineering*, Oxford: Taylor & Francis を参照のこと。

　本書ではここまで言及していないが，Safety-II とレジリエンスエンジニアリングは安全に対して同じ見方をしている。レジリエンスエンジニアリングにおいては，失敗とは実世界における複雑性を扱うために必要な適応の結果であり，破綻や機能異常ではない。それゆえ，個人や組織が，リソースや時間が限られているために，その行動を現在の状況に合わせてどのように調整し続けるかという点が強調されるべきである。レジリエンスエンジニアリングに関する文献リストを挙げるより，https://www.ashgate.com/から Ashgate Studies in Resilience Engineering のサイトを訪れることをお勧めする。

　複雑適応システム（Complex Adaptive System：CAS）は，チャールズ・ペローが著書「ノーマルアクシデント」で，密に結合した非線形システムを表現するために頻繁に用いている言葉である。我々がつくり出したシステムの多くは本当に複雑で，多面性を持ち，自己組織的で適応的であることは言うまでもないが，"CAS" という言葉は，多くの科学的問題を明快に解決する都合のよいレッテルとして度々使われている。しかし実際には単に効率と完全性のトレードオフの問題である場合がほとんどである。以下の引用文がそれを明快に示している。

> より一般的には，"複雑性" という言葉は "存在" しており，比喩的，理論的，そして経験的な役割を，"科学" 以外の社会的・知性的・実践的議論のなかで果たしている。

　上記の文章は Urry, J. (2005), The complexity turn, *Theory, Culture & Society*, 22(5), 1-14 からの引用である。

日常の作業がどのように行われているかに関して学ぶもう一つの方法は，長期休暇（extended leave）である。この場合，ある人が他の人（しばしば異なる部署の人）の業務を引き受けることになる。この手法の実践内容は Fukui, H. and Sugiman, T. (2009), Organisational learning for nurturing safety culture in a nuclear power plant, in E. Hollnagel, (ed.), *Safer Complex Industrial Environments*, Boca Raton, FL: CRC Press に記述されている。この手法の主な目的は安全文化を広め，改善することであり，Safety-II の研究のための情報を得ることではない。

What-You-Look-For-Is-What-You-Find（WYLFIWYF）という表現は，見つけるものは何を探しているかに依存する，言いかえれば現実の作業内容をどのように考え記述するかに依存するという，よく知られた事実を示すために用いられる。この例は Lundberg, J., Rollenhagen, C. and Hollnagel, E. (2009), What-You-Look-For-Is-What-You-Find —The consequences of underlying accident models in eight accident investigation manuals, *Safety Science*, 47(10), 1297–311 に述べられている。

アプリシエイティブ・インクワイアリー（Appreciative Inquiry）の実践的ガイドは Cooperrider, D.L., Whitney, D. and Stavros, J.M. (2008), *Essentials of Appreciative Inquiry*, Brunswick, OH: Crown Custom Publishing, Inc などに示されている。協調的質問法またはコラボレイティブ・インクワイアリーに関する記述は Heron, J. (1996), *Cooperative Inquiry: Research into the Human Condition*, London: Sage に示されている。（事情通の方にとっては，アプリシエイティブ・インクワイアリーはポジティブサイコロジーの一派であり，協調的質問法（Co-operative Inquiry）はアクションリサーチの一派と見なされるであろう。）なお，エクスノベーションは，存在している資源やダイナミクスを可視化し感知可能にするための方法として提案されている。最近のわかりやすい解説は Iedema, R., Mesman, J. and Carroll, K. (2013), *Visualising Health Care Practice Improvement: Innovation from Within*, Milton Keynes: Radcliffe Publishing Ltd に示されている。

# 第9章

最終の考察

9.1 分子と分母

　Safety-I の見方では，望ましくない事象が注目される。対象となるのは，望ましくない事象の絶対数あるいは相対数である。絶対数に対する関心は，すべての事故は防止できるという神話の当然の帰結であり，通常「事故ゼロ」「労働災害ゼロ」または「自動車事故ゼロ」という目標あるいは理想として表現される。（この目標は「実質的に自動車事故ゼロ」と表現されることが適切であろう。）事故ゼロについての考えは，多くのコンサルタントにより提供されるサービスだけでなく，多くの大企業においてのミッションステートメントにも見ることができる。相対的な数に対する関心は，より確率論的な視点に対応しており，事故の生起確率は特定の値以下でなければならない，または「受け入れがたいリスクからの解放」でなければならないなどがその例にあたる。

　最初のケースでは，絶対安全が追求され，分子 N の値が関心の的になる。つまり，N は特定の種類の事象，たとえば事故，事件，傷害，傷害損失時間，計画外停止期間，不良率などの数を表す。目標は，N の値をできる限り小さな値に，可能であればゼロとすることである。絶対安全の追求において，補完的事象，すなわち N が発生しない事例数への関心は持たれない。たとえば，N が年間の列車の赤信号通過回数（SPAD）だとするのなら，補完的事象数は，年間に列車が赤信号で止まる回数である。現実的に理想として $N = 0$ を掲げることは，安全を「受け入れがたい（または負担できない）リスクからの解放」としてではなく，むしろ「リスクからの解放」として定義することを意味する。

違いは，決して些細なことではない。

　2つめのケース，すなわち相対的な安全の追求では，比率 N/M が関心事となる。ここで，M は補完事象の数である。すべての事故が防止できるわけではないと認めたうえで，比率をできるだけ小さくすることが目的となる。この場合，分子 N，そして分母 M について知ることが重要となる。分母に注目することは，Safety-II の視点に対する最初のステップとなりうる。というのは，何がこれらの M 事象を特徴づけるのかという疑問を自然ともたらすからである。言い換えると，N によって表現される望ましくない結果だけでなく，補完的な結果，すなわち M によって表現されるうまくいった活動も理解することが重要となる。

　比率に焦点を当てると，比率を小さくするためには2つの方法があることも示される。Safety-I に対応する伝統的なアプローチは，可能性がある悪い結果を減らすことにより N の値を小さくする方策である。安全を改善する唯一の手段としてこれに頼ることはあまり意味がないことは広く認識されているが，そのことが安全マネジメントの実践において必ずしも反映されていない。もう一つのアプローチは Safety-II に対応するもので，M の値を増やそうとすることによるものである。絶対値，相対値いずれについてでも，うまくいくことの数を増やそうとすることは，比率をより小さくするだけでなく，M の値も大きくする。これは，組織が，その目的とすることを達成するように改善することに等しい。つまり，安全のみならず，その生産性を改善することである。これは Safety-II を改善するためにリソースを用いることはコストではなく，むしろ投資であるという，第8章での主張を支持するもう一つの見方でもある。

9.2　悪魔は細部に宿る？

　Safety-I において，事故分析とリスクアセスメントについての関心事は，重要なことを一つも見落とさないように，完全であり，徹底的であることにある。どちらの種類の分析においても，何かが見落とされていて，そしてそれが別のケースである役割を果たすことが後になって明るみに出れば，非難の声は広い範囲に，かつ多数にわたるであろう。（そのようなことが起こるとは決し

て想像されなかったという長たらしい話が，そのような場合の言い訳としてよくなされている。）すべての可能性があるリスクとハザードが見つかっていたか，そして何かがうまくいかなくなる場合について，すべてのありうる ―またはすべての主要な― シナリオが考察されていたかと問われた場合の正直な答えは，「否」でしかない。「うまくいかなくなる可能性のあるものは，うまくいかなくなるものだ」というマーフィーの法則は，そのことを明らかとしている―そして，その「もの」とは実際には「すべて」を意味する。しかし，時間，お金に関する限界，想像力の欠如，固定観念（デフォルト仮定），戦略的利益，ご都合主義，その他もろもろの非常に実際的な理由により，うまくいかなくなる可能性すべてについて考え尽くすことは不可能である。

一方，何かがうまくいくためのすべての方法を見つけたかと尋ねられるならば，正直な答えは，ほぼ同じ理由で「否」ということになるだろう。しかし，この場合の完全性の不足は，それほど懸念されることではない。実際的な制約は同じようであっても，何かが予想外の方向でうまくいくならば，それは問題とみなされることはほとんどなく，むしろ改善や学習のための好機とみなされる。

悪魔は細部に宿るということは，広く言われている。この意味は，細部が重要であり，本当の問題または困難さはそこに隠されているということである。それゆえに，Safety-I においては，本当の理由を見つけるために慎重に事故が分析され，事象がどのように展開したのかということについて，あらゆる論理的筋道が苦心しつつも調査される。しかしながら，Safety-II の見方を採るのであれば，悪魔はもはや細部に宿るのではなく，全体に存在する。実際には，悪魔は，我々が見ているところではなく，見ていないところに存在している。システム，組織，社会技術的居住環境を全体として捉えて，それらの働きについて考えを巡らすことは通常うまくいかない。対象を細かく分解するというふつうのやり方では全体は理解できない。そうではなく，全体をそれ自体として表現するやり方によってのみ理解ができるのである。

細部に着目して悪魔を探すことがもたらす結果のひとつは，アクシデントとインシデントについての大量のデータを必要とし，その多くは巨大なデータベースを構成することである。安全マネジメントの基準として Safety-II を用

いることによる現実的な結果は，そのような巨大なデータベースの必要性を減じることである．我々が，うまくいかないことに注目して事故報告を集めるときには，各々の事故は一つの特別なケースとみなされ，それに応じて記録されねばならない．その結果，たとえば航空や医療における事故データベースは巨大なものとなり，収録される報告数は容易に数十万件になってしまう．具体例を示そう．2012 年のデンマークでの患者安全に関するインシデントとしては 41,501 件の報告がなされている．そして報告されるべきインシデントの数は 1 桁以上大きく，およそ 650,000 件にもなると推定されている．このすべての報告を求めることは非現実的だし，41,500 件もの事案ともなると，分析することは現実的にはほとんど実行できない．幸い，物事がうまくいくいき方を探すのであれば，何十万件もの個別ケースを蓄えることは不必要となる．その代わり，毎日の活動と期待される変動について記述することで十分である．つまり，多くの特定の事案の代わりに，一つの一般的なケースに注目すればよいということになる．

　第 2 の現実的な結果は，失敗や事故を報告する必要性があまりなくなるということである．それゆえに，そのようなレポートを確実に提出する必要は小さくなる．ヒューマンファクターの影響が支配的であると思われるため，Safety-I においては，アクシデントやインシデントを報告する必要性が課題となっていた．人間が —80〜90％ くらいの割合で— 事故の根本原因とみられるようになってきたので，安全はうまくいかなかったことを報告する人々に依存するようになったのである．WAI（行うことが期待された作業）と WAD（実際になされた作業）との違いを，違反または「ヒューマンエラー」として説明してしまい，それをした人のことを単純に非難する結果となったので，予想されたように，そのような情報を明かすことへの抵抗感が生じてきたのである．解決策はすでに第 4 章で述べたように，いわゆる「公正な文化（just culture）」を導入することによって，人々を生じうる非難から保護することである．このような展開は，2004 年に英国立航空交通局（National Air Traffic Services：NATS）による *Strategic Plan For Safety* からの以下の引用文に示されている．

　　NATS の安全パフォーマンスは，広範囲の事故報告と調査プロセスによって測

定されるものである．航空管制（ATC）活動において生じる安全上の事案は，民間航空部（Civil Aviation Authority：CAA）の安全監査規制グループ（Safety Regulation Group：SRG）によって運営される義務報告（Mandatory Occurrence Report：MOR）の枠組みを通して報告され，NATS と，必要に応じて SRG によって調査，評価される．すべての安全関連事案が報告され，調査され続けることを確実とするために「公正な」報告文化を守ることを，NATS は保証する．

　Safety-I の見方における問題は，我々が入り組んだ複雑な世界に住んでいて，そこでは，仕事というものは，技術的，財政的，文化的，政治的な，実に多くの制約が相互作用している状況でなされているということに由来する．そのような状況の下で物事を完全に行うということは，とうていできることではない．だからといって，安全マネジメントが複雑なトレードオフを含む観点を採ることは困難である．というのは，トレードオフという見方は，科学的な知識と実践によって駆動され，理性的な人々によって実行される，よく考え抜かれた活動という理想像にはうまく調和しないからである．この本で述べられてきたあらゆる安全神話は，すべてこの理想像に由来する．神話であるから，非現実的な安全マネジメントの態度，方針と目標につながるので，生産的ではない．また神話は，詳細へのこだわりと，全体像に関する無視につながる．ますます複雑化する社会技術システムを首尾よく運用し，扱いにくい社会技術的居住環境をマネジメントするための何らかの可能性を得るためには，そうした神話群ならびにそれらが理想とする安全へのアプローチを捨て去る必要がある．

9.3　第 2 の物語 vs 他の物語

　事故が起こったとき，何かがうまくいかずに望ましくない結果が生じたとき，最初の反応は，何が起こって，それはなぜ起こったのかということを見いだそうとすることである．これまでこの試みは，起こったことに対する受け入れられる説明，とくに一つの原因または原因の集合を見いだす ─またはつくり出す─ ことを意味している．そうした原因の探索は，普通はそれなりに急いで行われるので，観察するのが容易な要因または特徴，状況などのうちの目立つことに焦点が当てられるという，ほとんど避けられない傾向に陥る．こう

したやり方は，「エラーから前進する 9 ステップ」（Nine steps to move forward from error）と題したデイビッド・ウッズとリチャード・クックによる 2002 年のセミナー論文において，本書の第 6 章ですでに触れたように，「第 1 の物語」の探索と名づけられている。著者らによると，第 1 の物語は，失敗に対して近位の要因 ——一般的にいわゆる「ヒューマンエラー」—— を狭い範囲で見つけようとする反応を表している。これは因果関係についての信条と一致するもので，それによれば，悪い結果の原因はある種の失敗または不具合といったものでなければならない。すべてのシステムは社会技術システムであるので，直接または間接的に，そこには人間というものがつねに存在している。そして，人間が失敗しやすい ——誤りを起こしがちな機械である—— ということは「既知のこと」なので，この考え方による限りは，それを原因と認めるということは意味をなすこととなる。人間のパフォーマンスはつねに変動するので ——そして，本当に，この本全体を通じて主張しているように，つねに変動するはずなので——「ヒューマンエラー」を探索することは成功裏に終わるに違いない。したがって，学習理論の言葉でいえば，その探索は報いられることになり，その反応は強化される。そして，次に類似した問題に出合ったときには，そのやり方はますます使われるようになる。この結果は，すぐに習慣化する持続的な反応の様式に，速やかに結びつく。ウッズとクックはこのことを次のように述べている。

> 安全が中心的課題であるときには，それは「第 1 の物語」として語られてきたし，またこの先も語られるであろう。第 1 の物語は，結果についての知識によって偏るものであり，望ましくない結果についての見かけ上の「原因」のあまりに簡単化された説明である。後知恵バイアスは視野を狭め，事実の背後にある実態についての見方をゆがませる。

このバイアスと戦うためには，「第 2 の物語」を探さなくてはならない。すなわち，起こったことについて，別の可能な説明を探索するのである。この探索はいくつかのやり方で進めることができる。たとえば後知恵バイアスの存在を認めること，作業は状況により形成されることを理解すること，背後にあるパターンを探し出すことなどである。そのためには，第 8 章で述べたように，深

掘りを最初から試みるのではなく，広さ優先のアプローチをとることである．

　第 2 の物語を探すために第 1 の物語を乗り越えていくこと —そして第 3 の物語を求めて第 2 の物語を乗り越え，さらにその次へと進むこと— は一歩の前進ではあるが，それが始められるまさにそのやり方によって制限を受ける．探索は原因を求めるためであり，なぜ何かがうまくいかなかったか，そして，なぜ望ましくない結果となったかを説明するためである．したがって第 2 の物語を探すことは，それほど厳密なものではなく，より建設的なやり方であるにせよ，まだ Safety-I 的見方の一部である．しかしながら，Safety-II は，異なる立ち位置から着手され，毎日の作業が成功する方法を理解しようとするものである．うまくいかなかったことに目を向けて，許容できる説明を見つけようとするやり方では，もはや十分ではない．その代わりに，成功がどのようになされるかについて理解し，その上で成功しなかった事案を理解するための基礎として使うために，日常的なパフォーマンスを全体として見ることが必要である．Safety-II を基本とした見方では，「第 2 の物語」よりも，むしろ「他の物語」を探すことになる．ここで，「他の物語」とは，仕事がどのように成功するかという理解である．これはもちろん「第 2 の物語」を探すことを含んでいる．なぜなら，そのやり方こそが，単に目に見えることよりも多くのものがあると理解する方法であり，その人自身の考えを注意深いものにする方法であるからである．

9.4　何と名前をつけるべきか？

　Safety-I，Safety-II の区別に関する最初の公開記述は 2011 年 8 月 18 日，Resilient Health Care Net（www.resilienthealthcare.net）のウェブサイトの開始と同時であった．次いで，10 月 10～11 日にノルウェーのトロントハイムで開催された安全会議 Sikkerhetsdagene（英訳：safety days）の要旨集のなかの解説記事が公開された．

　安全に対する 2 つのアプローチを対比する考えは，人的信頼性評価（Human Reliability Assessment：HRA）の領域で起きた，似たような議論の影響を受けている．1990 年に，Human Reliability Analysis（HRA）のコミュニティは，

一般的に用いられる HRA アプローチにおいては，実体性が欠けていることがはっきり示されたことによって，深刻なショックを受けた（Dougherty, E.M. Jr. (1990), Human Reliability Analysis —where shouldst thou turn? *Reliability Engineering and System Safety*, 29, 283-99）。この論文は，HRA は変化を必要としており，第 1 世代の HRA と呼ばれるアプローチと，第 2 世代の HRA と呼ばれるアプローチとを区別することが必要だと強調している。

この対比という修辞的な表現のもう一つの有名な例に，ダグラス・マグレガーが 1960 年に発表した書籍 *The Human Side of Enterprise* において述べられた X 理論と Y 理論の対比がある。対比は 2 つの異なるマネジメントスタイル（権威主義型，参加型）の基本的な差異を要約するのに用いられ，差異の影響力が非常に大きいことが明らかとされた。より有名な対比の例として，ガリレオの *Dialogue Concerning the Two Chief World Systems* や，プラトンの示した対話体表現があることはいうまでもない。

9.5　Safety-III はあるのだろうか？

Safety-II が Safety-I の論理を超えた拡張を表したものであるから，Safety-III がいつか生まれるのではないのかという疑問は，あってもよい。それに答えるためには，Safety-I と Safety-II は，それぞれにその焦点が異なり，したがってそれらの存在論も異なるということに留意しなくてはならない。Safety-I の焦点はうまくいかないことであり，対応する努力は，うまくいかないことの数を減らすことである。Safety-II の焦点はうまくいくことであり，対応する努力は，うまくいくことの数を増やすことである。

Safety-II はこのように，何が起こりうるか，それがどのように起こるかということを見る異なった焦点と異なった方法を意味する。そのためには，もちろん，今日，一般的に用いられるものとは異なる実践方策が必要となっている。しかし，こうした実践方策は，第 8 章で述べられたように，原則論としても実践論としてもすでに存在しており，容易に用いることができる。もちろん，うまくいくことに対応することのできる，より効果的な新しい方法と技術を開発することも必要であり，あらゆるところに存在するパフォーマンス調整を記述

し，分析し，表現することができなくてはならない。

　現存する Safety-I と，それを補完する Safety-II の実践との組み合わせが進むべき道であるのならば，Safety-III はどこに存在しうるのだろうか？ Safety-III とは，「単純に」既存の新しい実践の組み合わせを表すものであるのかもしれない。しかし，この実践の組み合わせは，Safety-II に対抗するものではありえない。というのは，Safety-II は Safety-I に取って代わるものというより，むしろその補足を意図するものであるからである（図 8.1 を参照のこと）。そして，可能性がある「Safety-III」の提案は，Safety-II が示したような，安全の新しい理解を提供することもないし，新しい存在論も提供しない。したがって，それは同様の形では必要ないと思われる。もちろん，ある程度の年月が過ぎた後に，Safety-I，Safety-II のいずれとも異なる安全を理解するための提案がなされるかもしれず，その可能性を否定することはできない。安全の概念そのものが，たとえば品質，生産性，効率その他，現在使われている概念とは明らかに異なる何かとして，徐々に分解されていくことは，起こりうるかもしれない。もしそれが起こるならば ─そして，いくつかの兆候はそれを示しているが─ その結果は Safety-III ではなく，むしろまったく新しい概念であるか，または合成されるべきものとなろう（次節参照）。それゆえ，Safety-II は，我々が必要とする形で社会技術的居住環境が機能するための終着地点といえないとしても，それ自身が意味する概念としての安全の終着地点ではあるだろう。

9.6　安全解析から安全合成へ

　安全に対する支配的なアプローチは，事故分析やリスク分析にみられるように，分析（または解析）的方法に依存している。これは，良くも悪くも，現在の我々のよりどころである西洋の伝統を踏まえた科学観によく適合している。安全に関しては，この伝統は，たとえば因果律についての信条（causality credo）に，また Safety-I の存在論と原因論に反映されている。しかし，Safety-II の提案が主張してきたように，分析的アプローチは必然のものでもなく，唯一の選択肢でもない。実際，Safety-II の基本的な考え方は，何かを要素に分解することではなく，むしろ何かをつくりだすか，構成することである。Safety-II はそ

れゆえ，安全解析に代わるもの，すなわち安全合成（safety synthesis）があることを意味する。

名詞の「合成」（synthesis，古代ギリシャ語でいう $\sigma\acute{\upsilon}\nu\theta\varepsilon\sigma\iota\zeta$）の意味は，2つかそれ以上の実体を組み合わせて何か新しいことをもたらすこと，あるいは，すでに存在する何か他のものから，別の何かをつくる活動を意味する。「安全合成」の意味は，したがって，物事がうまくいくことを確実とするシステム品質，またはさまざまな状況の下で成功するシステム能力を意味する。それにより，意図された許容できる結果をできるだけ多くしようとするのである。しかしながら，これは自然で安定した状態ではなく，人工的で潜在的に不安定なものである。安全は，ワイクの表現を言い換えるとするなら，「ダイナミックな事象」であり，絶え間なく，連続的につくられていかなくてはならない何かである。その基礎は，日々の仕事と日々の存在をつくりあげているものである。この合成は，—少なくともよりよい言葉が採用されるまで— 個人と組織がすべてのレベルとすべての時間においてなしていることをまとめあげて，安全をつくりだしているものである。合成は，組織のレベルにわたる合成と時間においての合成という2つの異なる形態を有している。

複数の組織レベルにわたる合成は比較的簡単に説明でき，組織または仕事のタイプのどのレベルが関係していても，組織において生じるすべてのことと，行われるあらゆる活動は，互いに依存しあい，結合していることを理解しなくてはならないことを意味する。そして，もちろん，仕事をする人々が，合成は，一人一人が行っていることを部分として構成されることを理解すること，少なくともそれを認識することが必要である。

時間についての合成は，説明することがいささか難しいが，同様に重要なことである。多くの種類の活動において —おそらく全部であろうが— 同期することは重要である。（Safety-I か Safety-II かにかかわらず）安全が懸念事項となる産業において，同期が重要なことは確かであるし，サービスについても，コミュニケーションについても，生産のためにも（生産の場合は，むだ時間削減の意味で同期が要求されるが，それだけでなく安全のためにも），同期は重要である。同期は，いろいろな生産プロセスを組織することによって，遅れ（出力が，あまりに早く，またはあまりに遅く到着すること）を避け，（たとえ

ば，平行して物事を行うことで，同じ前処理を2度行う必要をなくして）リソースのより良い使用を確実にし，プロセスと現場の間において物資とエネルギーの輸送を調整するためになされる。しかし，同期は合成と同じではない。合成は，我々がさまざまな物事がどのように，本当に，ともに適合したかを理解し，日々のパフォーマンスの変動（とおよその調整）を理解し，そして，この変動の増減が時には有害で時には有益である結果に至ることを理解したときに初めて達成されるものである。たとえそれが徹底的になされるとしても，時間についての合成は，機能の対としての組み合わせを調べ尽くすことによって成し遂げられるものではないし，ボトムアップのアプローチによって達成されるものでもない。そうではなく，新規で有用な何かが（組み合わせ理論ではなく，むしろうまく掘り出す能力によって）成し遂げられたときに，それを認識できるという意味において，本質的なトップダウンの視点を必要とする。安全の合成とは，要請されるあらゆる基準を踏まえて仕事を成功に導く状態の，恒常的な創造と持続のことなのである。

用語集

Safety-I　悪いアウトカム（事故／事件／ニアミス）の数ができるだけ低い状態にあることを安全という。Safety-I は，物事がうまくいかなくならないことを明らかにすることや，不具合の原因と危害を取り除くこと，あるいはそれらの影響を抑圧することによって達成される。

Safety-II　成功のアウトカムの数が可能な限り多い状態を安全という。それは，変化する状況の下で成功する能力である。Safety-II は，物事がうまくいかないことを防ぐことによってではなく，むしろ物事がうまくいくことを確実にすることによって達成される。

扱いにくいシステム（Intractable system）　どのように機能するかをたどって理解することが困難，あるいは不可能なシステムであるならば，そのシステムは扱いにくいと言われる。このことは一般に，パフォーマンスが変則的な状態であり，部分と関係の点での記述が複雑であり，少なからず記述が完了する以前に急速に変化してしまうために，システムの挙動の細部の理解が難しいことが意味される。扱いにくいシステムは，十分にその仕様を特定できないものでもある。このことは，きわめて多くの状況が交錯する場合において，業務の実行のなされ方を完全な形で明細に言うことが不可能であることを意味する。

扱いやすいシステム（Tractable system）　あるシステムがどのように機能するのかを追跡でき，理解できるときに，そのシステムは扱いやすいと言われる。典型的な例としては，パフォーマンスが非常に規則的である，その構成が部分と関係性において比較的単純である，そしてシステムの挙動の細部が少なからず安定的であるため，容易に理解できる，といった場合がある。

現象論（Phenomenology）　現象論は，何らかの観察可能な特徴または出現に

かかわることである。本書では，あることが安全であるか，それとも不安全であるかということについて，何が我々にそう言わせるのか，ということである。

原因論（Aetiology）　原因論は，原因，すなわち物事が起こる理由の研究であり，さらに言うと起こったことの背後に存在する理由または原因の研究である。安全との関係では，それは，観察可能な現象の（想定される）理由またはそれの起因源の研究である。原因論は，観察可能な現象，すなわち現象論をもたらす「メカニズム」を記述するものである。

存在論（Ontology）　存在論は，「それがそうであること」を記述する。本書において，存在論は，安全の基盤は何であるかを研究することであり，安全がどのような姿をなすものなのか（現象論，phenomenology），あるいはそれらがどのように発現するのか（原因論，aetiology）を研究するものではない。

効率性と完全性のトレードオフ（ETTO：Efficiency-thoroughness trade-off）
効率性と完全性のトレードオフ（ETTO）とは，活動の一部としての人（と組織）は，現実的にはつねに，ある活動の準備に費やす（時間や労力という）リソースと，その活動を実施するのに費やす（時間，労力，資材という）リソースとの間でトレードオフ状態に陥り，多くは前者が軽んじられることを述べるものである。

社会技術システム（Socio-technical system）　社会技術システムにおいては，成功のパフォーマンスを収める組織の状態―そして，逆に言えば，不成功のパフォーマンスを収めた組織に対しても同じであるが―は，社会要素と技術要素との間のインタラクションによって形成され，どちらかの要因単独によるものではない。このインタラクションは，線形（trivial）の「原因–結果」関係のものもあるし，また「非線形（non-trivial）」に出現する関係性のものもある。

社会技術的居住環境（Socio-technical habitat）　社会技術的居住環境とは，個人あるいは総体的な人間の活動の範囲を支えるのに必要となる相互従属的な社会技術システムの組み合わせである。それが単独のものとして考えられると，職場（workplace）は社会技術システムとして記述される。しかし，その機能を

維持することは，つねに入力および，たとえば交通，輸送，コミュニケーション，制御などといった他の社会技術システムにより提供される支援に依存する。結合された社会技術システムは，社会技術的居住環境やマクロ社会システムを構成する。

（おおよその）調整（(Approximate) Adjustment）　作業条件が明確に指定されていないときや，時間や資源が限られているときには，状況に適合するように，パフォーマンスの調整が必要となる。これが，パフォーマンス変動の主要な理由である。しかし，パフォーマンス調整が必要とされるまさにその状況においては，調整は，完璧であるというより，むしろおおよそのものである。しかし，ほとんどの状況において，おおよそであっても，成功をもたらすパフォーマンスとしては十分なものである。

2モード性（Bimodality）　技術的な構成要素と技術システムは，2モード方式で機能するよう，構築される。厳密な言い方をすると，あるシステムのあらゆる要素"e"，つまりある一つの構成要素からシステムそれ自体に対するまでのあらゆることにおいて，その要素は機能するか，あるいは機能しないかのいずれかである。後者の場合，要素は故障を起こしたと言われる。しかしながら，2モード性は，人間と組織には適用されるものではない。人間と組織のパフォーマンスは多モード性（multimodal）なのである。つまり，時には好転し時には悪化するというように変動するが，現実に完全に故障することはありえないということである。人間という「構成要素」は機能を停止することはないのであるから，技術的構成要素と同じやりようで置換することはできないのである。

発現（Emergence）　物事が既知のプロセス，あるいはその展開の結果として生じたとして説明することが困難，不可能なケースが増大しつつある。ここでは，アウトカムは結果として生じるというより，むしろ発現すると言われる。発現により生じたアウトカムは，随伴的に生じたものでもなく，「構成要素」にも分解できない。したがって，そのような「構成要素」についての知識からは発現を予知できるものではない。

パフォーマンス変動（Performance variability）　安全への現代的アプローチ（Safety-II）は，成功と失敗の同等の原理，およびおおよその調整の原理に基づく。すなわち，パフォーマンスは現実にはつねに変化しているものである。パフォーマンスの変動は，一つの活動や機能から他の活動や機能へと広がっていくものであり，非線形の発現効果を与えるものとなるだろう。

レジリエンス（Resilience）　変化と乱れが生じる前，生じている間，そしてそれに引き続いて機能を調節することができ，それによって，想定内，想定外の両状況の下で必要となる活動を継続することができるのであれば，システムはレジリエントであると言われる。

レジリエンスエンジニアリング（Resilience engineering）　システムがレジリエンスに機能することを可能とするのに必要となる原則と実践にかかわる科学的専門分野。

索引

[アルファベット]
active failures *106*
AHARP *65*
ALARP *65*
Appreciative Inquiry *169, 184*
As-High-As-Reasonably-Practicable *65*
As-Low-As-Reasonably-Practicable *65*

bimodality principle *142*
blunt end *44, 64*

causality credo *193*
collective mindfulness *179*
Complex Adaptive System *183*
Co-operative Inquiry *169, 184*

efficiency-thoroughness trade-off *67*
emergent *143*
ETTO *67*
exnovation *170*

Failure Mode and Effects Analyses *30*
Fault Tree Analysis *29*
FMEA *30*
FRAM *147*
Functional Resonance Analysis Method *147*

hazard and operability analysis *30*
HAZOP *30, 86*
High Reliability Organisation *34, 39, 179*
HRA *32, 191*
HRO *34, 39, 179*
human factors engineering *31*

Human Reliability Assessment *32, 191*

just culture *90, 188*

law of unintended consequences *140, 157*

opportunistic *183*
opportunistic control *156*
opportunistic mode *160*

performance-shaping factors *34, 99, 116*
PRA *30*
proactive *62, 148, 154*
probabilistic risk assessment *30, 115*
Probabilistic safety assessment *30*
PSA *30*

RCA *72, 91*
reactive *62, 148*
Resonance *147*
root cause *91*
Root Cause Analysis *72, 91*
Safety-I *54, 60*
Safety-Iの原因論 *105*
Safety-Iの現象論 *104*
Safety-Iの存在論 *107*
Safety-IIの原因論 *142*
Safety-IIの現象論 *149*
Safety-IIの存在論 *140*
Safety-III *192*
Scientific Management *47*
scrambled *183*
sharp end *44, 64*

socio-technical habitat　23, 38
solutionism　124
strategic　183
substitution myth　124

tactical　183
Taylorism　65
THERP　73
TMI原子力発電所の惨事　31

WAD　45, 135
WAI　45, 135
What-You-Look-For-Is-What-You-Find　184
Work-As-Done　45
Work-As-Imagined　45
WYLFIWYF　184

［あ］
アウトカム　52
悪魔は細部に宿る　186
後追い的　62
アプリシエイティブ・インクワイアリー　169, 184
安全　1, 23, 41, 55
安全の因子型　102
安全の原因論　102
安全の現象論　102
安全の存在論　102
安全マネジメントの時代　33

［い］
異種原因仮説　58
意図しない結果の法則　140, 157
因果律についての信条　69, 73, 106, 193

［う］
うまくいくことの発見　166

［え］
疫学的モデル　71
エクスノベーション　170
エラーから前進する9ステップ　190

［お］
行うことが期待された作業　45

［か］
解決主義　124, 137
科学的管理法　47
確率論的安全性評価　30
確率論的リスク評価　30, 115

［き］
機会主義的制御　156
機会主義的モード　160, 183
技術の時代　26
機能共鳴分析手法　147
90％の解決　83
協調的質問法　169, 184, 184
共鳴　147

［け］
結果として生じるアウトカム　144

［こ］
高信頼性組織　34, 39, 179
公正な文化　90, 188
行動形成因子　34, 99, 116
効率性と安全性のトレードオフ　67
故障モード影響解析　30
根本原因　91
根本原因分析　72, 91
混乱的　183

［さ］
先取り的　62
産業安全の原理　105

［し］
シーケンシャルモデル　71
事故の解剖学　29
事故のピラミッド　74, 76, 77, 79, 81
事故モデル　71
システミックモデル　71
システムストレッチの法則　123
実際になされた作業　45

自動化信仰　*123*
社会技術的居住環境　*23, 37*
シャープエンド　*44, 64*
集団的注意深さ　*179*
受動的　*148*
受動的安全マネジメント　*60*
人的信頼性評価　*191*
人的要因の時代　*31*

[す]
スイスチーズモデル　*72*
ステートマシン　*46*
スリーマイル島原子力発電所の惨事　*31*

[せ]
戦術的　*183*
戦略的　*183*

[そ]
即発的失敗　*106*

[た]
第 1 の物語　*95, 190*
第 2 の物語　*95, 190*

[ち]
チェックランドの提案　*131*
置換の神話　*113*
チャールズ・ペロー　*183*
調節器のパラドックス　*13*

[て]
テイラーイズム　*65*

[と]
ドミノモデル　*71*

[な]
慣れ　*43*

[に]
2 モード性の原理　*142*
人間工学　*31*

人間信頼性評価　*32*

[の]
能動的　*148, 154*
ノーマルアクシデント　*183*

[は]
ハインリッヒ　*75*
ハザード操作性解析　*30*
発現　*143*
発現するアウトカム　*145*
バードの三角形　*74*

[ひ]
ヒューマンエラー　*83, 84*
ヒューマンファクター　*31*

[ふ]
フォールトツリー分析　*29*
複雑適応システム　*183*
ブラントエンド　*44, 64*
プロアクティブ　*62*

[ほ]
防護壁　*57*
他の物語　*191*

[む]
ムーアの法則　*121*

[ゆ]
有限オートマトン　*46*

[り]
リアクティブ　*62*

【監訳者】

北村正晴

1942年生まれ。東北大学大学院工学研究科原子核工学専攻博士後期課程修了。工学博士。同大学助手，助教授を経て1992年東北大学工学部原子核工学科教授，2002年同研究科技術社会システム専攻リスク評価・管理学分野を担当。2005年定年退職，東北大学名誉教授。現在(株)テムス研究所代表取締役所長。専門は，技術システムの安全性向上，大規模システムにおける人間・機械の協調，原子力技術に対する社会の受容性等。

小松原明哲

1957年生まれ。早稲田大学理工学部工業経営学科，同大学院博士後期課程修了。博士（工学）。金沢工業大学講師，助教授，教授を経て，2004年4月から早稲田大学理工学術院創造理工学部経営システム工学科教授。専門は人間生活工学。

【訳者】

狩川大輔（国立研究開発法人電子航法研究所航空交通管理領域）
菅野太郎（東京大学大学院工学系研究科）
高橋　信（東北大学大学院工学研究科）
鳥居塚崇（日本大学生産工学部）
中西美和（慶應義塾大学理工学部）
松井裕子（(株)原子力安全システム研究所社会システム研究所）

ISBN978-4-303-72985-1

Safety-I & Safety-II

2015年11月10日　初版発行	ⓒ M. KITAMURA / A. KOMATSUBARA 2015
2024年　6月10日　2版2刷発行	

監訳者　　北村正晴・小松原明哲　　　　　　　　　　　　　検印省略
発行者　　岡田雄希
発行所　　海文堂出版株式会社

　　　　　本　社　東京都文京区水道2-5-4（〒112-0005）
　　　　　　　　　電話 03(3815)3291(代)　FAX 03(3815)3953
　　　　　　　　　https://www.kaibundo.jp/
　　　　　支　社　神戸市中央区元町通3-5-10（〒650-0022）
日本書籍出版協会会員・工学書協会会員・自然科学書協会会員

PRINTED IN JAPAN　　　　　　　　　印刷　東光整版印刷／製本　誠製本

JCOPY＜出版者著作権管理機構　委託出版物＞
本書の無断複製は著作権法上での例外を除き禁じられています。複製される場合は，そのつど事前に，出版者著作権管理機構（電話03-5244-5088，FAX 03-5244-5089，e-mail: info@jcopy.or.jp）の許諾を得てください。